로바체프스키가 들려주는 비유클리드 기하학 이야기

수학자가 들려주는 수학 이야기 11

로바체프스키가 들려주는 비유클리드 기하학 이야기

ⓒ 송정화, 2008

초판 1쇄 발행일 | 2008년 3월 13일
초판 24쇄 발행일 | 2021년 7월 6일

지은이 | 송정화
펴낸이 | 정은영

펴낸곳 | (주)자음과모음
출판등록 | 2001년 11월 28일 제2001-000259호
주소 | 04047 서울시 마포구 양화로6길 49
전화 | 편집부 (02)324-2347, 경영지원부 (02)325-6047
팩스 | 편집부 (02)324-2348, 경영지원부 (02)2648-1311
e-mail | jamoteen@jamobook.com

ISBN 978-89-544-1552-1 (04410)

• 잘못된 책은 교환해드립니다.

로바체프스키가 들려주는

비유클리드 기하학 이야기

| 송 정 화 지음 |

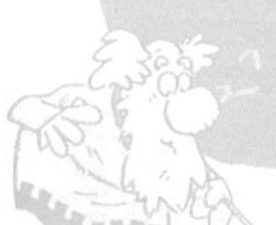

㈜자음과모음

수학자라는 거인의 어깨 위에서
보다 멀리, 보다 넓게 바라보는 수학의 세계!

　수학 교과서는 대개 '결과'로서의 수학을 연역적으로 제시하는 경향이 강하기 때문에 학생들은 수학이 끊임없이 진화해 왔다는 생각을 하기 어렵습니다. 그렇지만 수학의 역사는 하나의 문제가 등장하고 그에 대해 많은 수학자들이 고심하고 이를 해결하는 가운데 새로운 아이디어가 출현해 온 역동적인 과정입니다.

　〈수학자가 들려주는 수학 이야기〉는 수학 주제들의 발생 과정을 수학자들의 목소리를 통해 친근하게 이야기 형식으로 들려주기 때문에 학생들이 수학을 '과거 완료형'이 아닌 '현재 진행형'으로 인식하는 데 도움이 될 것입니다.

　학생들이 수학을 어려워하는 요인 중의 하나는 '추상성'이 강한 수학적 사고의 특성과 '구체성'을 선호하는 학생의 사고의 특성 사이의 괴리입니다. 이런 괴리를 줄이기 위해서 수학의 추상성을 희석시키고 수학 개념과 원리의 설명에 구체성을 부여하는 것이 필요한데, 〈수학자가 들려주는 수학 이야기〉는 수학 교과서의 내용을 생동감 있게 재구성함으로써 추상적인 수학을 구체성을 갖는 수학으로 변모시키고 있습니다. 또한 중간중간에 곁들여진 수학자들의 에피소드는 자칫 무료해지기 쉬운 수학 공부에 있어 윤활유 역할을 할 수 있을 것입니다.

〈수학자가 들려주는 수학 이야기〉의 구성을 보면 우선 수학자의 업적을 개략적으로 소개하고, 6~9개의 강의를 통해 수학 내적 세계와 외적 세계, 교실 안과 밖을 넘나들며 수학 개념과 원리들을 소개한 후 마지막으로 강의에서 다룬 내용들을 정리합니다. 이런 책의 흐름을 따라 읽다 보면 각 시리즈가 다루고 있는 주제에 대한 전체적이고 통합적인 이해가 가능하도록 구성되어 있습니다.

〈수학자가 들려주는 수학 이야기〉는 학교 수학 교과 과정과 긴밀하게 맞물려 있으며, 전체 시리즈를 통해 학교 수학의 많은 내용들을 다룹니다. 예를 들어《라이프니츠가 들려주는 기수법 이야기》는 수가 만들어진 배경, 원시적인 기수법에서 위치적 기수법으로의 발전 과정, 0의 출현, 라이프니츠의 이진법에 이르기까지를 다루고 있는데, 이는 중학교 1학년의 기수법의 내용을 충실히 반영합니다. 따라서 〈수학자가 들려주는 수학 이야기〉를 학교 수학 공부와 병행하면서 읽는다면 교과서 내용의 소화 흡수를 도울 수 있는 효소 역할을 할 수 있을 것입니다.

뉴턴이 'On the shoulders of giants' 라는 표현을 썼던 것처럼, 수학자라는 거인의 어깨 위에서는 보다 멀리, 넓게 바라볼 수 있습니다. 학생들이 〈수학자가 들려주는 수학 이야기〉를 읽으면서 각 수학자들의 어깨 위에서 보다 수월하게 수학의 세계를 내다보는 기회를 갖기 바랍니다.

홍익대학교 수학교육과 교수 |《수학 콘서트》저자 박 경 미

세상 진리를 수학으로 꿰뚫어 보는 맛
그 맛을 경험시켜주는 '비유클리드 기하학'이야기

'비유클리드 기하학!' 말만 들어도 매우 어렵게 느껴집니다. 유클리드 기하학은 초등학교부터 고등학교까지 학교 수학에서 대부분 다루는 것이므로 그나마 친근하게 느낄 수도 있지만, 비유클리드 기하학에 대해 아는 사람은 그리 많지 않습니다. 아마도 비유클리드 기하학이라는 단어를 이 책을 통해 처음 들어 보는 분들도 많을 것이라 생각합니다. 이는 비유클리드 기하학은 대학에서 수학이나 관련 학문 전공자들이 주로 배우는 것이고, 그 외의 사람들은 그것을 접할 기회가 거의 없었기 때문입니다. 또한 대학에서 비유클리드 기하학에 관한 것을 배웠다 하더라도, 그것이 어떤 맥락에서 나오게 되었는지, 또한 그것이 갖는 의미는 무엇인지, 그리고 그것이 세상에 미친 영향은 무엇인지에 대해서는 생각하지 못한 채, 단지 엄밀하고 형식적인 기호나 식의 조작으로 접근하는 것이 대부분일 것입니다.

하지만 비유클리드 기하학은 우리 주변을 대상으로 얼마든지 쉽고 재미있게 설명될 수 있고, 꼭 수학을 전공한 사람이 아니더라도 초등학생까지 이해할 수 있을 정도로 쉽게 설명될 수 있는 소재입니다. 또한 비유클리드 기하학이 담고 있는 수학적 내용도 중요하긴 하지만 그에 못지 않게 그것이 수학사와 인류에 미치는 영향과 그 의의도 매우 중요합니다. 그럼에도 불구하고 그동안의 대부분 수학 관련 도서들은 그 내용을 누구나 이해하기 쉽도록 풀어 쓰거나, 이면에 숨은 가치를 보기보다는 어려운 수학 공식만을 나열하여 외형적인 수학적 지식만 전달하는 경우가 많았습니다.

이 책에서는 어려운 수학적인 정의와 공식들, 증명들을 이용하여 형식적으로 비유클리드 기하학을 다루는 대신에, 독자들이 보다 쉽게 다가가고 공감할 수 있도록 주변 현상에서 재미있게 접근하도록 하였습니다. 비록 엄밀한 수학적인 정의와 공식들, 그리고 그것에 따른 증명을 모르더라도 우리가 지금까지 배워왔던 기하학과는 다른 기하학이 존재하고, 이것은 갑자기 발견된 것이 아니라 기존의 기하학을 발판으로 하여 점진적으로 만들어졌다는 것을 독자들이 인식하면 좋겠습니다. 그리고 수학이란 끊임없이 발전하는 학문임을 다시 한 번 깨닫는 기회가 되었으면 좋겠습니다. 마지막으로 수학이란 우리의 일상생활과 관련 없는 지루하고 무미건조한 학문이 아니라, 우리 생활에서 필요성에 의해 발달되었고, 그것은 다시 우리 생활에 영향을 미친다는 점을 통해서 수학의 심미성과 가치를 느꼈으면 합니다.

2008년 3월 송 정 화

차례

 이 책은 달라요

《로바체프스키가 들려주는 **비유클리드 기하학** 이야기》는
로바체프스키 자신이 수학 교사가 되어 학생들에게 고대 이집트의 기
하학, 그리스의 기하학, 유클리드 원론에 관한 내용으로부터 시작하여,
비유클리드 기하학이 나오게 된 배경과 함께, 비유클리드 기하학의 대
표라고 할 수 있는 쌍곡 기하학과 구면 기하학의 특성들을 직접 이야기
하며 들려줍니다. 로바체프스키는 비교적 최근에 발명된 어려운 비유
클리드 기하학의 내용을 학생들이 이해하기 쉽도록 흥미롭고 재미있게
그리고 우리의 생활과 연관지어 설명합니다. 또한 수학적 지식에 담긴
철학적 의미까지 생각하도록 하고 있습니다. 이 이야기를 통해서 우리
가 배운 수학과는 다른 관점에서 다르게 전개되는 수학이 있다는 점과,
그런 내용들은 나름대로 하나의 체계로서 의미를 갖고 있다는 점을 알
게 됩니다. 이렇게 비유클리드 기하학이 관점을 달리하여 현상에 대한
관찰로부터 비롯되었다는 점을 통해, 독자들은 학교 수학에서 한 차원
시야를 넓혀 수학을 다시 인식하는 기회가 될 것입니다.

2 이런 점이 좋아요

1 학교 수학에서는 다루지 않는 어려운 비유클리드 기하학의 내용을
수식이 거의 없이 아주 쉽고 간결하게 설명하고, 생활 속에서 볼 수
있는 현상과 연결지어 설명하여 보다 이해하기 쉽고 재미있게 접
근할 수 있도록 해 줍니다. 또한 수학에 대한 흥미를 더하고 시야를
한층 넓힐 수 있는 기회를 제공합니다.

2 비유클리드 기하학 이야기를 통해서 수학적 지식이란 항상 참인
절대적인 지식이 아니라, 그것이 틀리다는 논리적인 증명과 정당
성이 부여된다면 언제나 수정될 수 있는 지식임을 인식하게 됩니
다. 이를 통해 수학적 사고의 중요성을 깨달을 수 있습니다.

3 이 책은 초등학교 고학년부터 시작하여, 중등학교, 그리고 일반인
에 이르기까지 폭넓게 읽을 수 있습니다. 특히 비유클리드 기하학
의 배경이 되는 평행선 공준에 관한 내용과 여러 가지 성질은 중학
교에서 소개됩니다. 중학교 학생들이 학습할 때 참고한다면 평행
선의 특성들을 다시 한 번 확인하고, 다른 관점에서는 어떻게 변화
하는지 비교하면서 수학적인 개념과 사고를 확장할 수 있을 것입

니다. 고등학교 학생에게는 비유클리드 기하학이 나오게 된 배경과 함께 그 과정을 살펴보고 비유클리드 기하학의 내용을 유클리드 기하학과 비교하면서 수학적 지식이 무엇인지를 고찰한다면 수리 논술에 많은 도움이 될 것입니다. 마지막으로 일반인들에게는 학교 다닐 때와는 다른 흥미로운 수학이 존재한다는 것을 알게 해주어 흥미를 더해주고, 한 차원 더 높은 수학 세계에 관한 상식을 넓히는 기회가 될 것입니다.

3 교과 과정과의 연계

구분	단계	단원	연계되는 수학적 개념과 내용
초등학교	3-나	원의 구성 요소	원의 중심, 반지름
	4-가	내각의 크기	삼각형의 내각의 크기의 합
	4-나	여러 가지 사각형	수직, 평행, 평행선의 성질
	6-나	여러 가지 입체도형	원기둥, 원뿔, 원기둥과 원뿔의 전개도 회전체, 구
중학교	7-나	기본 도형	점, 선, 면, 각의 성질, 점, 직선, 평면의 위치관계 평행선의 성질
		입체도형의 성질	다면체, 회전체
	8-나	삼각형과 사각형의 성질	증명
	9-나	피타고라스의 정리	피타고라스의 정리

구분	단계	단원	연계되는 수학적 개념과 내용
고등학교	10-나	삼각함수와 그 그래프	육십분법, 호도법, 라디안
	수학 II	이차곡선	포물선, 타원, 쌍곡선
		공간도형	직선, 평면의 위치관계 평행과 수직

4 수업 소개

첫 번째 수업 _ 유클리드 기하학이 무엇이지요?

비유클리드 기하학에 관한 이야기에 들어가기 전에 기하학의 전반적인 발전 과정을 알아봅니다. 먼저 이집트 기하학의 특성들과, 학문으로서의 기하학의 배경이 되는 그리스 기하학의 특성들을 고찰해 보고, 수학의 원형이 된 유클리드 기하학에 대해 알아봅니다.

- 선행 학습 : 피타고라스의 정리
- 공부 방법 : 책을 읽어 가면서 기하학이 어느 한 순간에 완성된 것이 아니라, 오랜 시간 동안 인류가 점진적으로 다듬어 온 학문임을 느껴 봅니다. 유클리드 기하학의 내용과 특성을 통해 수학의 특성을 이해하고, 유클리드 기하학이 수학에 어떤 영향을 미쳤는지 이해합니다.

• 관련 교과 단원 및 내용

– 이집트의 수학과 그리스의 수학의 특성들을 비교하는 과정에서 중학교 3학년의 '피타고라스의 정리' 단원을 미리 학습합니다.

– 유클리드 기하학의 내용을 학습하기 시작하는 중학교 학생들을 위한 읽기 자료로 활용 가능합니다.

두 번째 수업 _ 평행선! 네가 뭔데……

비유클리드 기하학 발생의 배경이 된 평행선 공준을 배우기 전에 평행선의 의미와 특성들을 공부합니다.

• 선행 학습 : 직선과 평면의 의미, 점과 점 사이의 거리, 점과 직선의 거리, 각기둥

• 공부 방법 : 이 수업에서는 평행선의 의미를 우리 주변의 일상생활에서 쓰는 용어와 비교하면서 수학적으로 고찰합니다. 수업에서 다루는 직선의 의미와 평행선의 의미, 그리고 평행선의 성질들은 수학에서 기초 개념이 되는 내용이므로 하나하나 꼼꼼하게 짚어가며 공부합니다.

• 관련 교과 단원 및 내용

– 초등학교 4학년의 '여러 가지 사각형' 단원에서 수직, 평행, 평행선의 성질과 연계하여 익힙니다.

－ 중학교 1학년의 '기본 도형' 단원에서 다루는 내용들과 직접적으로 연결하여 학습합니다.

세 번째 수업 _ 평행선이 하나? 없다? 무수히 많다?
－ 감추어진 진실

유클리드의 평행선 공준에서부터 비유클리드 기하학이 어떻게 발생했는지 그 배경을 역사적으로 살펴봅니다.

- 선행 학습 : 평행선의 의미와 특성, 평면과 곡면의 의미
- 공부 방법 : 이 수업에서 다루어지는 유클리드의 평행선 공준의 내용은 학교 수학에서도 다루어지고, 비유클리드 기하학의 발생 배경이 되므로 꼭 알 필요가 있습니다. 이런 유클리드의 평행선 공준의 내용을 기반으로 역사적으로 비유클리드 기하학이 어떻게 나오게 되었는지, 유클리드의 평행선 공준이 공간에 따라 어떻게 바뀌는지를 비교하면서 쭉 읽어 나갑니다.

- 관련 교과 단원 및 내용
- 중학교 1학년에서 다루는 '평행선의 성질' 단원과 직접적으로 관련됩니다. 학교 수학에서 다루는 유클리드의 평행선 공준과 비교하면서, 공간에 따라 평행선의 개수가 달라질 수 있다는 사실을 통해 수학적인 흥미와 호기심을 더할 수 있으며, 읽기 자료로 활

용할 수 있습니다.

- 학교 수학에서는 비유클리드 기하학이 소개되지 않지만, 그동안 배워왔던 유클리드 기하학의 비교를 통해 논술의 기초 자료로 활용할 수 있습니다.

네 번째 수업 _ 두 점을 최단 거리로 잇는 선이 항상 직선은 아니다?

비유클리드 기하학에서 직선의 의미로 다루는 측지선에 대해 소개합니다. 평면에서 두 점을 최단 거리로 잇는 직선이 곡면에서도 과연 그런지 실험을 통해 살펴보고, 곡면에서는 두 점을 최단 거리로 잇는 선이 무엇인지 알아봅니다.

- 선행 학습 : 직선의 성질, 구, 원기둥의 전개도
- 공부 방법 : 두 점을 최단 거리로 잇는 측지선의 개념을 우리 주변에서 쉽게 접할 수 있는 평면 지도와 지구본을 가지고 실험하고 비교하면서 쉽고 재미있게 설명하였으므로, 설명을 놓치지 않으면 충분히 이해할 수 있습니다. 두 점을 최단 거리로 잇는 선을 측지선이라 부르며, 이런 측지선은 항상 직선만 되는 것이 아니라, 면에 따라서 곡선이 될 수도 있고, 일반적으로 곡면에서는 측지선을 직선으로 다룬다는 것을 배웁니다.
- 관련 교과 단원 및 내용

- 초등학교 6학년의 '원기둥의 전개도' 단원, '구' 단원의 내용에 대한 선행 학습이 필요합니다.
- 중학교 1학년의 '직선' 단원의 내용에 대한 선행 학습이 필요합니다.

다섯 번째 수업 _ 곡면에는 어떤 것들이 있나요?

비유클리드 기하학의 공간을 이해하기 위한 전 단계로서, 여러가지 곡면을 소개하고 그 특성에 대해 익힙니다.

- 선행 학습 : 회전체, 포물선, 타원, 쌍곡선의 의미
- 공부 방법 : 여러 가지 회전체를 통해서 곡면의 의미를 고찰하여 보고, 곡면을 여러 가지 기준으로 나누어서 곡면들의 특성들을 배웁니다.
- 관련 교과 단원 및 내용
- 초등학교 6학년에서 '회전체' 단원의 내용에 대한 선행 학습이 필요합니다.
- 중학교 1학년에서 '회전체' 단원의 내용에 대한 선행 학습이 필요합니다.
- 고등학교 수학에서 소개되는 포물선, 타원, 쌍곡선의 의미를 미리 학습할 수 있습니다. 수식까지는 아니더라도 각각의 용어가 의미

하는 바를 이해합니다.

여섯 번째 수업 _ 곡선에서 구부러진 정도를 어떻게 나타내지요?

비유클리드 기하학의 공간을 이해하는 데 필수적인 곡률의 개념을 설명합니다. 먼저 곡선의 곡률에 대해 알아봅니다.

- 선행 학습 : 육십분법과 호도법, 무한대
- 공부 방법 : 내용을 쭉 읽으면서 곡선의 곡률을 2가지로 설명할 수 있음을 이해합니다. 그리고 곡률이 크면 클수록 곡선이 많이 구부러지고, 곡률이 작으면 작을수록 곡선이 점점 직선에 가까워짐을 배웁니다.
- 관련 교과 단원 및 내용
- 고등학교 1학년에서 '육십분법, 호도법' 단원의 내용에 대해 미리 학습할 수 있습니다.

일곱 번째 수업 _ 곡면의 곡률이 비유클리드 기하학을 살렸다?

여섯 번째 수업에 이어 곡면의 곡률에 대해 알아봅니다. 곡률에 따라 곡면을 분류하고 이런 곡면에 따라 기하학의 형태가 달라진다는 것을 공부합니다.

- 선행 학습 : 여러 가지 입체도형

- 공부 방법 : 내용을 읽으면서 곡면의 곡률은 어떻게 구하는지, 곡률에 따라 공간이 어떻게 구분되는지, 이런 공간에 따라 기하학의 형태가 어떻게 결정되는지를 주의하면서 읽어 나갑니다. 공간은 우리가 학교 수학에서 배우는 유클리드 공간뿐만 아니라, 곡률에 따라 다양한 공간으로 구분할 수 있습니다. 역사적으로 곡면의 곡률 개념으로 인해 비유클리드 기하학은 유클리드 기하학과 함께 기하학의 한 형태로서 자리를 차지했음을 인식합니다.
- 관련 교과 단원 및 내용
- 초등학교 6학년에서 '여러 가지 입체도형' 의 내용을 미리 학습합니다.

여덟 번째 수업 _ 쌍곡 기하학은 유클리드 기하학과 어떻게 달라요?

대표적인 비유클리드 기하학 중에 하나인 쌍곡 기하학에 대해 공부합니다.

- 선행 학습 : 평행선의 성질, 삼각형의 내각의 크기의 합
- 공부 방법 : 이전 수업에서 훑어보았던 것들을 기반으로 대표적인 비유클리드 기하학 중의 하나인 쌍곡 기하학에 대해 설명합니다. 앞에서 배웠던 것들을 상기하고 쌍곡 기하학이 어떤 공간에서 이루어지는 기하학이며, 유클리드 기하학과 어떤 면에서 차이가 나

는지 비교·분석하면서 읽어 나갑니다. 특히 평행선 공준에서의 차이와, 평행선 공준에 따라 결정되는 삼각형의 내각의 크기의 합에서의 차이, 그리고 측지선에서의 차이를 알아둡니다.

- 관련 교과 단원 및 내용
- 중학교 1학년의 '기본 도형' 단원에서 평행선과 관련된 내용을 학습할 때 참고 자료로 활용할 수 있습니다.
- 중학교 2학년의 '삼각형과 사각형의 성질' 단원 내용을 학습할 때 참고 자료로 활용할 수 있습니다.
- 그동안 학교 수학에서 다루었던 유클리드 기하학과 학교 수학에서 다루지 않았던 비유클리드 기하학의 특성들을 비교·분석하면서 수학적 사고력을 증진시킬 수 있고, 논술의 기본 자료로도 활용할 수 있습니다.

아홉 번째 수업 _ 구면 기하학은 유클리드 기하학과 어떻게 달라요?

대표적인 비유클리드 기하학 중 하나인 구면 기하학에 대해 소개합니다. 그리고 지금까지 배웠던 유클리드 기하학과 쌍곡 기하학과 비교하여 어떤 차이점들이 있는지 알아보고, 비유클리드 기하학이 갖는 의의를 설명하면서 수업을 마무리 짓습니다.

- 선행 학습 : 평행선의 성질, 삼각형의 내각의 크기의 합

- 공부 방법 : 구면 기하학은 우리가 사는 지구와 같은 공간에서 다루어지는 것이므로 현상과 연관지어 이해하면 쉽습니다. 특히 평행선 공준에서의 차이와 평행선 공준에 따라 결정되는 삼각형의 내각의 크기의 합에서의 차이, 측지선에서의 차이를 기반으로 구면 기하학과 쌍곡 기하학, 유클리드 기하학은 어떤 차이가 있는지를 이해합니다. 그리고 비유클리드 기하학이 갖는 의의가 무엇인지 생각해 봅니다.
- 관련 교과 단원 및 내용
- 중학교 1학년의 '기본 도형' 단원에서 평행선과 관련된 내용을 학습할 때 참고 자료로 활용할 수 있습니다.
- 중학교 2학년의 '삼각형과 사각형의 성질' 단원을 학습할 때 참고 자료로 활용할 수 있습니다.
- 그동안 학교 수학에서 다루었던 유클리드 기하학과 학교 수학에서 다루지 않았던 비유클리드 기하학의 특성들을 비교·분석하면서 수학적 사고력을 증진시킬 수 있고, 논술의 기본 자료로도 활용할 수 있습니다.

로바체프스키를 소개합니다

Nikolai Ivanovich Lobachevskii (1792 ~ 1856)

자신의 주장이 맞다면 굽히지 않아야 한다고 생각합니다.

내가 발표한 비유클리드 기하학은 그때까지 절대 불변의 진리라고 여겨 온

'유클리드 기하학'의 불완전성을 지적하였습니다.

비유클리드 기하학으로 상대적이고 경험적인 철학관을 낳게 되었고,

이런 철학관은 수학에서뿐만 아니라 철학, 과학, 논리학 등

학문 전체에 큰 영향을 일으켰어요.

여러분, 나는 로바체프스키입니다

안녕하세요. 내 이름은 로바체프스키입니다. 조금 낯설지요? 아마도 대부분은 내 이름을 처음 들어 봤을 것입니다. 난 유클리드 기하학에 맞서서 비유클리드 기하학이라는 것을 만들어 수학계뿐만 아니라 모든 학문에 있어서 기본적인 철학관마저 송두리째 바꾸어 버린 장본인이지요. 여러분, 코페르니쿠스를 아시나요? 모든 세상 사람들이 지구를 중심으로 하늘이 움직인다고 생각했을 때, 코페르니쿠스는 하늘이 움직이는 것이 아니라 바로 지구가 움직인다고 주장하였습니다. 그 시대에 코페르니쿠스의 주장은 온 세상을 발칵 뒤집어 놓을 정도로 매우 획기적이어서 이후 모든 가치관들을 변화시킬 정도였습니다. 따라서 우리는 보통 어떤 분야에서 획기적인 성과를 거둔 사람을 빗대어 '○○분야에서의 코페르니쿠스' 라고 말하는데요, 난 바로 '기하학의 코페르니쿠스' 라고 불릴 정도로 기하학에서 획기적인 변화를 일으켰고 그로 인해 매우 유명해졌답니다. 하지만 이런 나의 업적은 내가 살아 있을 때에는 거의 인정받지 못했어요. 내가 죽은 후에 비로소 인정받았고 더욱 높이 평가되었지요.

난 러시아에서 1792년도에 태어나서 1856년에 생을 마감했습니다. 나의 아버지는 러시아의 하급 관리로 일하였는데 내가 7살이 되던 해에 돌아가셔서 우리 가족들의 생활은 매우 궁핍했습니다. 하지만 난 그런 어려움에 굴하지 않고 열심히 공부했습니다. 진짜 열심히 공부하여 14세에 카잔 대학에 입학하였고, 거기에서 조교수, 정교수, 학과장, 마침내는 학장까지 하게 되었지요. 행정적 재능을 인정받아 대학에서 도서관장, 박물관장과 같은 일도 했답니다. 게다가 1830년경에는 러시아에 콜레라가 만연하였는데, 인명을 구하기 위해 적극적으로 활동하여 국가에 공을 세우기도 했지요. 이렇게 난 내가 맡은 일에 대해 묵묵히 노력하여 최선을 다해 일했습니다. 난 과다한 업무량에도 불구하고 수학 연구도 게을리하지 않았습니다. 그래서 마침내 1826년 유클리드의 평행선 공준에 반박하며 비유클리드 기하학 이론

을 발표하고, 1829년에 《기하학의 새 원리》라는 제목으로 출판
하였습니다. 그리고 이 이론을 더 발전시켜 1840년에 《평행선
학설에 관한 기하학적 연구》를, 1855년에 《범기하학》을 출판하
였습니다. 특히 이 책을 쓸 때에는 시력도 완전히 잃고 건강도
많이 악화된 상태였습니다. 가족들을 잃은 슬픔으로 힘든 시기
이기도 했지요. 비록 육체적인 고통과 정신적인 고통은 컸지만,
그래도 치밀한 수학적 사고는 계속할 수 있어서 그나마 위로가
되었답니다. 난 이 책을 출판한 바로 다음 해에 세상을 떠났습니
다. 나의 삶이 그리 행복한 삶은 아니었지만 그래도 내 연구의
총결산이라고 할 수 있는 이 책을 출판한 후 생을 마감할 수가
있어서 그나마 다행이라고 생각합니다.

여러분들 중에서는 내가 비유클리드 기하학에 대한 논문과 책
을 발표하였을 때 많은 사람들의 찬사와 박수를 한 몸에 받았을
것이라고 부러워하는 사람도 있을 텐데요, 현실은 그렇지 못했
습니다. 수학사에 한 획을 그은 위대한 발견을 했음에도 불구하
고 나의 불행은 그때부터 시작되었지요. 나의 발표에 대한 사람
들의 반응은 너무나도 냉담했습니다. 참으로 견디기 힘든 나날
이었지요. 하긴 그것도 그럴 것이 내가 발표한 비유클리드 기하
학은 2000여 년간 절대 불변의 진리라고 여겨온 유클리드 기하

학을 뒤집는 충격적인 사건이었으니까요.

하지만 유클리드의 평행선 공준에 의심을 갖는 사람은 나 말고도 헝가리의 볼리아이라는 수학자가 있었습니다. 볼리아이도 나와 같은 생각으로 평행선 공준에 계속 매달려왔는데 그의 아버지는 아들의 그런 모습을 너무나도 안쓰러워했다고 합니다. 왜냐하면 그의 아버지도 평행선 공준에 평생 매달려 연구하였지만 별다른 성과를 얻지 못했기 때문이지요. 그의 아버지는 보다 못해 아들에게 '제발 부탁하는데 평행선 문제는 그만 포기하렴. 나는 지옥같은 평행선의 바다를 항해하여 봤지만 그때마다 돛대는 부러지고 돛은 찢어지곤 했단다' 라고 말했다고 합니다. 하지만 볼리아이는 열심히 계속 연구하여 드디어 1823년 평행선 공준이 성립하거나 성립하지 않음에 따라 유클리드 기하학과 비유클리드 기하학으로 나누어 존재한다는 결론을 얻게 됩니다. 그리고는 '나는 무無에서부터 새 우주를 창조하였다' 라는 말을 남겼다고 하네요. 그의 아버지는 너무나도 감격스러워 그 당시 유명했던 수학자 가우스에게 아들의 연구 결과를 알렸습니다. 하지만 가우스는 그런 발견에 놀라기는 커녕 자신도 이미 그런 결과를 얻었지만 발표를 미루고 있다는 대답뿐이었습니다. 가우스도 나와 볼리아이처럼 평행선 공준에 문제가 있다는 것을 알고 연구하였지만, 사람들의 이목이 두렵고 지금까지 자기가 쌓아온 모든 명성이 한순간에 무너질까 봐 발표를 미뤘던 것이지요. 가우스의 표현에 따르면, 야만인의 울부짖는 소리가 두려워 공표하지 않았다고 합니다. 한마디로 용기가 부족했던 것입니다. 하지만 나와 볼리아이는 과감하게 발표했고 사람들의 멸시와 비난에도 불구하고 연구에 매진했습니다.

우리가 유클리드 기하학의 일부를 부정했다고 해서 유클리드 기하학을 완전히 부정한 것은 아닙니다. 유클리드 기하학이 우리 주변에 널려 있는 공간의 성질을 충분하고 정확하게 반영하고 있다는 것을 부정할 수는 없습니다. 그래서 2000여 년 동안 사람들이 그것을 의심하지 않고 절대 진리로 여겼던 것이지요. 하지만 시야를 더욱 넓혀 지구 표면 전체를 공간으로 생각한다면 유클리드 기하학은 더 이상 성립하지 않습니다. 유클리드 기하학이 만들어졌던 시기는 지구와 우주가 평평하다고 생각했던 시기였기 때문에 그것을 대상으로 기하학을 연구했고, 구부러진 평면과 공간까지는 생각하지 않았습니다. 하지만 지구와 우주가 평평한 공간이 아니라고 밝혀진 이후에도 수학자들은 경험적인 면은 배제한 채 여전히 논리와 추상적인 사고만으로 유클리드 공간 내에서만 수학을 연구했습니다. 나와 볼리아이는 이에 반발하고 현실 세계를 깊이 고찰하면서 관점을 약간 달리하여 커다란 발견을 하였던 것이고요. 여러분도 무엇인가 이상하다면 이전의 관습과 사람들의 이목에서 벗어나 관점을 달리하여 생각해보고 끊임없이 노력하고 연구하는 자세가 필요합니다. 그리고 언젠가 나왔던 광고와 같이, 사람들이 모두들 '예'라고 할 때, '아니오'라고 주장할 수 있는 용기도 필요합니다. 그리고 자신의 주장이 맞다면 굽히지 않는 정신도 필요하고요.

그럼 이제 나 로바체프스키에 대해 어느 정도 알았나요? 내가 한 연구가 어려워 보인다고요? 너무 걱정할 필요는 없습니다. 차근차근 알아 가면 얼마나 재미있고 신기한지 모른답니다. 이제 비유클리드 기하학이 어느 배경에서 나왔고, 유클리드 기하학과 어떤 점에서 차이가 나며, 그것이 우리에게 시사하는 바가 무엇인지 나와 함께 여행하며 알아볼까요?

유클리드 기하학이
무엇이지요?

2000여 년 동안 수학계를 지배해 온
유클리드 기하학에 대해 알아봅시다.

첫 번째 학습 목표

1. 기하학이 어떻게 형성되었고, 학문으로서 어떻게 발달되었는지 알 수 있습니다.

2. 유클리드 원론의 구성과 체계를 알고, 수학에서의 중요성과 의의를 알 수 있습니다.

미리 알면 좋아요

1. 기하학 수학의 여러 분야 중에 하나로 주로 공간의 수리적 성질을 연구하는 학문을 말합니다. 쉽게 말하면 점 · 선 · 면 · 입체 등 도형과 공간의 성질과 구조를 연구하는 학문이라고 할 수 있습니다.

2. 일반화 개별적인 것이나 특수한 것이 점점 범위를 넓혀 일반적인 것으로 되는 것을 말합니다. 예를 들어 '닭은 다리가 2개이다' 를 일반화한 것은 '조류는 다리가 2개이다' 라고 할 수 있습니다.

3. 연역법 일반적인 사실이나 원리를 전제로 하여 개별적인 특수한 사실이나 원리를 결론으로 이끌어내는 추리방법을 말합니다.

    예를 들면,

    '모든 사람은 죽는다' – 일반적인 사실

    '소크라테스는 사람이다' – 개별적인 사실

    '따라서 소크라테스는 죽는다' – 결론

    이라고 할 때 이는 일반적인 사실로부터 시작하여 개별적인 특수한 결론을 이끌어 낸 것이므로 이러한 추론을 연역법이라고 합니다.

4. 귀납법 연역법과는 반대로 각각의 개별적인 특수한 사실이나 원리를 전제로 하여 일반적인 사실이나 원리로 결론을 이끌어내는 추리 방법을 말합니다. 즉 귀납법은 많은 사실들을 관찰하여 보편적인 결론을 도출해 내는 방법이라 할 수 있습니다.

   예를 들어,

   '소크라테스는 죽었다' – 개별적인 사실

   '공자도 죽었다' – 개별적인 사실

   '석가도 죽었다' – 개별적인 사실

   '이들은 사람이다' – 일반적인 사실

   '따라서 모든 사람은 죽는다' – 결론

   이라고 할 때, 이는 각각의 개별적인 사실로부터 일반화하여 보편적인 결론을 이끌어 냈으므로 이러한 추론은 귀납법이 이용된 것입니다.

5. 명제 문장 중에서 그 내용이 참인지 거짓인지 판별할 수 있는 문장을 명제라고 합니다. 예를 들어, 2+3=5는 참임을 판별할 수 있으므로 명제이고, 2+4=5는 거짓임을 판별할 수 있으므로 명제입니다. 하지만 $x+3=5$와 같이 어떨 때에는 참이 되고 어떨 때에는 거짓이 되는 경우는 참인지 거짓인지 판별할 수 없으므로 명제가 아닙니다.

$$\prod \frac{1}{1 - \frac{1}{p^s}} = \sum \frac{1}{n^s}$$

로바체프스키의
첫 번째 수업

오늘은 2000여 년 동안 수학에서 성서와 같이 여겨졌던 유클리드 기하학에 대해 공부하겠습니다.

수학의 분야는 여러 가지가 있는데, 그 중에서 도형을 연구하는 기하학은 우리의 삶과 아주 밀접한 관계가 있습니다. 기하학은 영어로 지오메트리geometry라고 하는데 여기에서 'geo'는 '토지'를 나타내고, 'metry'는 '측량'을 나타냅니다. 기하학이라는 단어가 '토지 측량'이라는 뜻을 담고 있는 것을 보아도 기하학이 매우 실용적이고 일상생활과 밀접하게 관계되어 있다는 것을 알 수 있습니다. 실제로 기하학의 기원은 B.C. 2500년경 고대 이집트 문명까지 거슬러 올라갑니다. 모든 고대 문명이 큰 강 유역에서 발달했던 것과 같이 이집트의 고대 문명도 나일 강 유역에서 발달했습니다. 이집트인들은 나일 강을 중심으로 비옥한 땅에 농사를 지으면서 문명을 발전시킬 수 있었던 것이지요. 하지만 나일 강은 해마다 상류에서 많은 양의 물을 하류로 흘려보내 큰 홍수가 일어났고 이로 인해 이집트인들이 입는 피해는 매우 컸습니다. 특히 홍수로 인한 강의 범람으로 농토의 경계선이 모두 지워졌기 때문에 해마다 농토를 다시 측정해서 나누어야 했습니다. 이로 인해 이집트에서는 토지 측량 기술이 발전하게 되었고, 이것이 바로 기하학의 기원이라 할 수 있습니다.

　하지만 고대 이집트의 기하학은 실생활에 그것을 어떻게 활용할 것인지 그 방법을 찾는 데에만 주력하였을 뿐, 그 결과를 논리적으로 증명(논증)하거나 일반화된 결과로 체계화하지는 못했습니다. 오랜 경험과 직관을 토대로 어떤 특별한 경우들의 결과만을 나열하고, 그때그때의 상황에서 구체적인 문제들을 처리하기 위해 어떻게 계산할까에만 관심을 가졌던 것이지요. 예를 들면 고대 이집트인들은 삼각형의 세 변의 길이의 비가 3:4:5이면 직

각삼각형이 된다는 사실을 오랜 경험으로 알고 있었습니다. 하지만 이들은 이것이 왜 그렇게 되는지 증명하는 데에는 관심이 없었습니다. 삼각형의 세 변의 길이의 비가 3:4:5 이외의 다른 값이 될 때에도 직각삼각형이 되는지, 또는 직각삼각형에서 일반적으로 성립하는 세 변의 길이의 관계를 구하는 데에도 관심이 없었습니다. 이렇게 이집트의 기하학은 지나치게 경험적이고 실생활에 치우쳐 있었고, 도형 자체를 연구 대상으로 삼거나 구조를 분석하는 등 논리적인 체계는 갖추지 못했기 때문에 학문으로서 기하학이라 하기에는 어렵습니다.

로바체프스키가 들려주는 비유클리드 기하학 이야기

기하학이 수학이라는 하나의 학문으로서 주목받기 시작한 것은 고대 그리스 시대로 대략 B.C. 6세기경부터라고 볼 수 있습니다. 고대 그리스에서는 이전과 달리 이성과 추상화, 일반화를 중요시하였고 논리적인 사고를 즐겼습니다. 그리스인들은 수학에서 실용성을 추구하는 것은 수학을 무시하는 행위라고 생각했습니다. 이런 행동은 노예들이나 하층민들이 하는 아주 천박한 행위라고 생각했던 것입니다. 이런 그리스인들의 사상은 수학에서도 잘 나타납니다. 이들은 '어떻게' 보다는 '왜'를 묻기 시작했고, 수학에서도 이런 경향이 반영되어 논증적 방법들에 대한 시도가 나타나게 되었습니다. 그리스인들은 실용성보다는 엄밀한 논리적인 연역적 증명을 통해 결과의 합리성을 추구하였고, 이론적으로 체계화하려는 노력을 하였습니다.

예를 들어, 고대 이집트인들이 단순히 삼각형의 세 변의 길이의 비가 3:4:5이면 직각삼각형이 된다는 것만을 알았던 반면, 그리스인들은 삼각형에서 세변의 길이가 a, b, c빗변일 때 $a^2+b^2=c^2$이 성립하면 직각삼각형이 된다는 것을 논리적으로 증명함으로써 하나의 이론을 형성하였습니다. 이런 이론을 기반으로 새로운 이론들을 만들어 가면서 수학을 발전시켰던 것입니다.

  이런 그리스인들의 노력으로 기하학이 학문적으로 발전하게
되었고 마침내 B.C. 300년경 유클리드가 그동안의 주요한 수학
적 결과들을 집대성하여 《원론 elements》이라는 책을 냄으로써 기
하학이 논리적인 체계를 확립할 수 있었으며 수학의 기초를 확
립할 수 있었습니다. 책 제목인 원론이란 문자를 의미하거나 연

역적 추론에서 일반적으로 널리 이용되는 주요한 정리들을 의미합니다. 이 원론에 기초하여 발달한 기하학을 우리는 '유클리드 기하학' 이라고 부릅니다.

유클리드 원론은 모두 13권으로 구성되어 있습니다. 이 책은 23개의 정의와 5개의 공리와 5개의 공준으로 시작하여 연역적 추론만을 이용하여 465개의 명제를 유도하고 증명해냈습니다. 말이 많이 어렵지요? 하나하나 차근차근 알아 가면 어려울 것이 없답니다. 먼저 정의란 '개념 또는 용어의 의미를 분명하게 규정 짓는 것' 을 말합니다. 공리 또는 공준의 뜻은 '더 이상 그 정당성을 보일 필요가 없이 당연하다고 인정해야 하는 명제' 를 말하는데, 굳이 구별하자면 공리는 모든 학문에 공통적이고 명백하면서 쉽게 이해할 수 있는 진리를 말합니다. 공준은 어느 학문에서 고유한 기본적인 약속을 말합니다. 유클리드 원론에서 공리는 수학에서 일반적인 내용을 담고 있고, 공준은 기하학과 관련된 내용을 담고 있는데, 오늘날에는 공리와 공준을 구분하지 않고 모두 공리라고 부르기도 합니다.

유클리드 원론에서 이런 정의와 공리·공준은 자명한 것으로써 토를 달지 말고 항상 당연한 것으로 받아들여야 하는 것들입니다. 왜냐고요? 예를 들면 삼각형의 의미를 분명하게 하기 위해

서 삼각형을 '일직선상에 있지 않은 세 점을 세 직선으로 연결하여 이루어진 도형'과 같이 정의합니다. 여기에서 '그럼 점은 무엇이지요?'라는 질문이 나올 수 있습니다. 그러면 '점은 부분이 없는 것이지'라고 대답할 수 있겠죠. 그런데 또 여기에서 '그럼 부분은 무엇입니까?'라는 질문이 나올 수 있겠죠. 이렇게 어떤

로바체프스키가 들려주는 비유클리드 기하학 이야기

용어를 정의또는 증명하기 위해 또 다른 용어를 사용하고, 그 또 다른 용어를 정의또는 증명하기 위해 다시 또 다른 용어를 쓰고, 이러다 보면 계속 돌고 돌아 한도 끝도 없게 되겠죠? 여러분 친구들 중에서 이렇게 물고 늘어지는 친구가 있다면 대화가 되겠어요? 당연히 대화가 이루어질 수 없겠죠. 피곤의 연속일 뿐이죠. 그래서 유클리드는 머리를 싸매고 고민하다가 몇 가지 용어에 대해서는 정의할 수 없으며, 몇 가지 사실에 대해서는 증명할 수 없음을 선포하고 이것은 인간이라면 그냥 느낌상 당연한 것으로 받아들여야 한다고 하였습니다. 먼저 유클리드는 원론에서 다음과 같이 가장 일반적인 용어 23가지를 정의했습니다.

정의

1. 점은 부분넓이이 없는 것이다.
2. 선은 나비폭,두께가 없는 것이다.
3. 선의 끝은 점이다.
4. 직선이란 그 위의 점에 대해서 균일하게 가로놓인 선이다.
5. 면이란 길이와 폭만을 갖는 것이다.
6. 면의 끝은 선이다.
7. 평면이란 그 위에 있는 직선에 대하여 균일하게 가로놓인 면이다.
8. 평면각이란, 평면상에 있고 서로 만나서 일직선으로 되는 두 개의 선 사이의 기울기이다.
9. 각을 낀 두 개의 선이 직선을 이룰 때 그 각을 평각이라 한다.

10. 한 직선이 다른 직선과 만났을 때 이루어지는 이웃한 두 각이 서로 같으면, 같은 각을 각각 직각이라고 하고, 이때 한 직선을 다른 직선에 대하여 수직이라고 한다.

11. 직각보다 큰 각을 둔각이라 한다.

12. 직각보다 작은 각을 예각이라 한다.

13. 어떤 것의 끝을 경계라 한다.

14. 하나의 경계 또는 한 개 이상의 경계에 의해 둘러싸인 것을 도형이라 한다.

15. 원이란, 그 도형의 내부에 있는 한 정점으로부터 곡선에 이르는 거리가 모두 같은 그러한 곡선에 의해 둘러싸인 평면도형이다.

16. 그리고 이 정점을 원의 중심이라 한다.

17. 원의 지름이란, 원의 중심을 지나고 그 양 끝이 원주로 끝나는 직선이다. 또 이러한 직선은 원을 이등분한다.

18. 반원이란 하나의 지름과 그 지름에 의해 잘라내어진 도형이 둘러싼 도형이다. 그리고 반원의 중심은 전체 원의 중심과 같다.

19. 직선 도형이란 몇 개의 직선에 의해 둘러싸인 도형이다.

20. 세 변으로 된 도형 중, 등변삼각형은 세 변의 길이가 같은 것을 가리키며, 이등변삼각형이란, 두 개의 변의 길이가 같은 것을 말하고, 부등변삼각형은 세 변의 길이가 같지 않은 것이다.

21. 또 삼각형 중에서 한 각이 직각인 것을 직각삼각형, 한 각이 둔각인 것을 둔각삼각형, 세 각이 예각인 것을 예각삼각형이라 한다.

22. 사변형 중, 등변이고 각이 직각인 것을 정사각형, 각이 직각이지만 등변이 아닌 것을 직사각형, 등변이지만 각이 직각이 아닌 것을 마름모, 대변과 대각이 같지만 등변, 직각도 아닌 것을 평행사변형이라 한다. 이것들 이외의 사각형을 부등변사각형이라 한다.

정의

로바체프스키가 들려주는 비유클리드 기하학 이야기

23. 평행선이란, 동일한 평면 위에 있고, 쌍방을 아무리 연장하여도 어느
    방향에서도 만나지 않는 두 직선을 말한다.

　이 정의를 보면 이미 여러분이 학교에서 배운 내용도 있고 또 앞으로 배울 내용도 있습니다. 직접 그 내용을 보니 너무나도 당연하고 쉬운 내용을 왜 저렇게 정의를 내리고 일일이 모두 명시했는지 조금 우습기도 하지요? 하지만 수학에서는 이런 정의가 매우 중요합니다. 정의는 수학이 시작되는 곳이라 해도 과언이 아니니까요. 용어가 확실하게 정의되어야 사람들 사이의 의사소통도 가능하고 논리적인 모순에 빠지지 않거든요. 혹시 여러분 중에 이런 정의가 왜 그렇게 정의되었는지 하나하나 따지는 친구는 없겠지요? 조금 어려운 부분도 있기는 하지만 여러분이 나중에 수학을 공부하다보면 이런 것쯤이야 생각할 거예요. 이런 정의는 사람들 사이의 약속이니까 무조건 당연하게 받아들여야 한답니다.

　그럼 5개의 공리와 공준의 내용을 각각 살펴봅시다. 공리와 공준도 정의와 마찬가지로 증명할 수 없는 가정이므로 느낌으로 받아들여야 합니다.

1. 동일한 것과 같은 것들은 서로 같다.

2. 같은 것에 어떤 같은 것을 더하면, 그 전체는 서로 같다.

3. 같은 것에서 어떤 같은 것을 서로 빼면, 그 나머지는 서로 같다.

4. 서로 겹치는 둘은 서로 같다.

5. 전체는 부분보다 크다.

부분

전체

로바체프스키가 들려주는 비유클리드 기하학 이야기

1. 한 점에서 다른 점에 직선을 그을 수 있다.

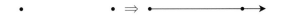

2. 선분을 연장하여 하나의 직선을 만들 수 있다.

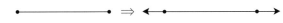

3. 한 점을 중심으로 하고, 한 선분을 반지름으로 하는 원을 그릴 수 있다.

4. 모든 직각은 서로 같다.

5. 직선 *l*과 그 직선 위에 있지 않은 점 P가 주어졌을 때, 점 P를 지나서 직선 *l*과 평행인 직선은 단 한 개만 존재한다.

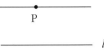

공준·공리를 전제로 유클리드는 첫 번째 명제를 만들고 증명했습니다. 이 명제1을 증명할 때에는 다른 것은 이용하지 않고 오직 앞에서 이미 명시한 23개의 정의와 5개의 공리·공준만 사용하여 증명하였습니다. 이것이 바로 연역적 증명 방법인 것입니다. 그리고 명제2를 만들고 이것을 앞에서 명시한 정의와 공리·공준 그리고 명제1만을 사용하여 증명하고, 이런 식으로 계속하여 무려 465개의 명제를 만들고 증명한 것입니다. 놀랍지 않나요? 23개의 정의와 10개의 공리·공준만을 가지고 오직 논리적인 추론만으로 465개나 되는 명제를 만들고 증명했다는 것이 하나의 예술품과 같이 아름답고 위대하게 느껴지지 않나요? 마치 1층 위에 2층, 2층 위에 3층, 3층 위에 4층 등등 이런 식으로 465층까지 성을 쌓은 것과 같아요. 이렇게 매우 적은 것에서부터 매우 많은 것들이 논리적인 체계만으로 추론되었다는 점이 바로 유클리드 원론이 수학에서 원형이 된 이유이기도 합니다.

이런 엄밀한 논리 체계로 인해서 유클리드 원론은 인간의 논리적 사고력을 연마하는 데 꼭 필요한 책이 되었고, 수학에 있어서 방법론을 확립시키게 되었습니다. 우리가 수학에서 어떤 이론이나 결과를 설명할 때에 몇몇 개의 예가 성립한다고 해서 그것들이 항상 성립한다고 말하지는 않지요? 수학에서는 반드시 연역적 증명법을 거쳐 참이라고 인정되는 것만을 받아들이는데, 이것이 바로 이런 유클리드 원론의 영향이라 할 수 있습니다. 좋은 예로써 그 유명한 페르마의 마지막 정리를 들 수 있습니다. 페르마의 정리는 '$x^n + y^n = z^n$'에서 n이 3 이상의 정수인 경우 이 관계를 만족시키는 자연수 x, y, z는 존재하지 않는다' 라는 것입니다. 페르마는 '나는 경이적인 방법으로 이 정리를 증명했다. 그러나 책의 여백이 너무 좁아 여기에 옮기지는 않겠다' 라고 종이 구석에 써 놓았다고 해요. 그 이후 수학자들은 이것을 증명하려고 노력하였지만 특수한 몇 가지 경우에 대해서만 증명했을 뿐이었습니다. 최근에는 컴퓨터의 도움을 받아 많은 경우에 대해 페르마의 정리가 성립하는 것을 알았지만 그래도 이런 것들은 일반적인 경우에 대한 증명이 아니었기에 하나의 이론이 되지 못했던 것이지요. 하지만 350여 년이 지난 1993년에 일반적인 경우에 대한 증명이 발표되면서 이것은 하나의 이론이 되었답니다. 이렇게 과학기술의 발달로 컴퓨터의 도움을 받아 특수한 경우의 예를 아무리 많이 밝혀 낸다 할지라도 수학에서는 유클리드 원론에서 했던 방법과 같이 일반적인 경우에 대한 증명이 따르지 않는다면 참이라고 인정할 수 없는 것입니다.

유클리드 원론은 수학뿐만 아니라 철학, 교육, 과학, 논리학 등 여러 학문에서 원형이 되었고 그 영향이 미치지 않은 곳이 없을 정도입니다. 유클리드 원론의 힘이 얼마나 대단하냐 하면, 세상에서 성경 다음으로 많이 읽혀진 책이라고 하니 그 힘을 무시 못하겠지요? 심지어는 옛날 유럽의 대학 시험에서는 '유클리드 원론 ○○권의 ○○ 명제를 증명하시오'란 문제가 나왔을 정도라고 하니 학문을 하는 자에게 유클리드 원론은 성경이나 다름없었겠죠.

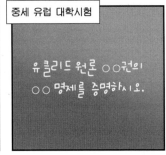

유클리드 원론으로 일컫는 유클리드 기하학은 2000여 년 동안 아무 의심 없이 수학계를 지배해 왔습니다. 그 힘이 가히 절대적인 법과 같다고 할 수 있죠. 그 누구도 그 이론이나 방법에 이의

로바체프스키가 들려주는 비유클리드 기하학 이야기

를 제기하기 않았고, 만약 이의를 제기하는 자가 있다면 조금 덜 떨어진 사람으로 취급받거나 사회에서 웃음거리밖에 되지 않았으니까요. 하지만 시간이 지나면서 몇몇 사람들은 이 유클리드 기하학의 일부 내용에 대해 의문을 품기 시작합니다. 바로 5번째 공준인 평행선 공준인데요, 그 대표적인 사람이 가우스와 나로바체프스키, 그리고 볼리아이입니다. 앞으로 여러분과 함께 공부할 내용이 바로 평행선 공준을 수정해서 만든 비유클리드 기하학입니다. 이것이 어떤 배경에서 어떻게 탄생하게 되었는지 다음 시간부터 함께 공부하도록 하지요.

1 기하학은 매우 실용적인 목적에서 시작되었습니다. 그 기원은 고대 이집트로 거슬러 올라갈 수 있는데, 이때의 기하학은 경험적으로 얻은 각각의 구체적인 사항들을 실생활에 어떻게 활용할 수 있는지만 중시했을 뿐, 그것을 일반화하거나 논리적으로 증명하려 하지는 않았습니다.

2 '왜' 라는 사실에 관심을 갖고 각각의 사실을 논리적으로 증명하고 일반화하여 학문으로서 기하학의 체계를 갖추기 시작한 것은 고대 그리스 이후부터라고 할 수 있습니다.

3 고대 그리스 유클리드라는 수학자는 그동안의 주요한 수학적 결과들을 집대성하여 23개의 정의와 5개의 공리, 5개의 공준을 가지고 연역적 증명방법을 사용하여 465개의 명제를 정리한 《원론》이라는 책을 저술하였습니다.

❹ 이런 《원론》으로 인해 수학기하학은 논리적인 체계를 확립할 수 있었으며 현대와 같은 수학적 방법을 확립할 수 있었습니다. 이는 2000여 년 동안 수학에서 절대적인 지식으로 여겨 왔으며, 과학, 철학, 논리학 등 여러 학문에 지대한 영향을 끼치면서 절대적인 지위를 차지하게 됩니다.

평행선!
네가 뭔데……

비유클리드 기하학이 나오게 되었던 배경 중의 하나인
평행선의 의미와 평행선의 여러 가지 특성에 대해 알아
봅시다.

두 번째 학습 목표

1. 평행선의 의미를 알 수 있습니다.
2. 평행선의 성질에 대해 알 수 있습니다.

미리 알면 좋아요

1. 직선 양쪽으로 끝없이 곧바르게 나아가는 선으로 두 점 사이를 가장 짧은 거리로 연결해 주는 선을 말합니다.

2. 평면 평평한 면을 말합니다. 보통 점이 모여 직선을, 직선이 모여 평면을 만든다고 이야기합니다. 평면을 생각할 때 김밥 마는 발로 생각하면 쉽습니다. 김밥발에서 막대 하나하나는 직선이고, 그런 막대들이 모여서 김밥발과 같은 평면을 만드는 것입니다. 쉽게 말하면 하나의 평면은 무한히 평평하게 펼쳐져 있는 종이 한 장과 같은 것이라고 말할 수 있습니다.

우리 막대가 모여서 김밥발을
만들듯이 직선들이 모여서
한 평면을 만든다.

3. 거리 우리는 보통 일상생활에서 얼마나 멀리 떨어져 있는가를 수치로 나타낸 것을 거리라고 합니다. 수학에서도 거리는 마찬가지의 의미로 쓰입니다. 예를 들어 두 점 사이의 거리는 두 점을 가장 짧게 연결한 선의 길이로, 즉 선분의 길이를 말합니다. 그리고 점과 직선 사이의 거리는 점과 직선을 가장 짧게 연결한 선의 길이로, 즉 점에서 직선까지 수직으로 그린 선분의 길이를 말합니다.

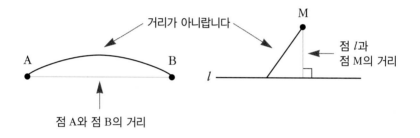

로바체프스키의
두 번째 수업

오늘은 평행선의 뜻과 그 특성에 대해 공부해 봅시다.

평행선은 수학에서뿐만 아니라, 우리 주변에서 많이 들을 수 있는 단어입니다. 예를 들어 신문이나 뉴스에서도 '○○와 ◎◎는 서로의 주장을 고수하며 평행선을 달리고 있습니다', '영원히 평행선을 그을 수밖에 없는 노사갈등'과 같은 기사를 많이 접할 수 있습니다. 그럼 평행선이란 과연 무엇일까요? 먼저 다음 시를 감상해 봅시다.

평행선

김남조

우리는 서로 만나본 적도 없지만
헤어져 본 적도 없습니다.
무슨 인연으로 태어났기에
어쩔 수 없는 거리를 두고 가야만 합니까

가까워지면 가까워질수록 두려워하고
멀어지면 멀어질까 두려워하고
나는 그를 부르며
그는 나를 부르며
스스로를 져버리며 가야만 합니까

우리는 아직 하나가 되어본 적은 없지만
둘이 되어본 적도 없습니다.

앞의 시를 보면 평행선이란 아무리 가도 가까워지거나 멀어지
지 않는 서로 만날 수 없는 선이라는 것을 알 수 있습니다. 그럼
수학적으로 어떤 것을 평행선이라 말할까요?

로바체프스키가 들려주는 비유클리드 기하학 이야기

로바체프스키는 나무젓가락 한 개를 꺼내서 두 개로 쪼개고 난 후 다음과 같이 말하였습니다.

자, 이 나무젓가락을 잘 보세요. 하나는 직선 l, 다른 하나는 직선 m이라고 하고, 이렇게 바닥 위에 놓으면 두 직선 l과 m은 만나지 않습니다.

$$l \text{ ———————}$$
$$m \text{ ———————}$$

이렇게 한 평면에서 두 직선 l과 m이 만나지 않을 때 두 직선 l과 m은 평행하다고 하고, 이때 평행한 두 직선을 평행선이라고

합니다.

즉 두 직선이 한 평면에서 평행하다는 것은 시에서와 같이 하나가 될 수 없는 두 직선이 서로 영원히 만나지도 못하고, 그렇다고 영원히 헤어지지도 못한 채 각각 제 길을 가고 있다는 것이지요. 앞에서 말한 신문이나 뉴스 기사에서 서로가 평행선을 달린다는 것도 결국은 각자의 주장만 강조하여 아무리 많은 시간이 지나도 서로가 일치된 의견을 합의하지 못한다는 것을 빗대어 나타낸 것입니다.

이때 똘똘이가 아래와 같이 나무젓가락을 들면서 로바체프스

선생님! 그럼 이런 경우도 평행선이 되겠네요. 이런 경우도 두 직선이 서로 만나지 않잖아요.

이 경우에는 두 직선이 어떤 한 평면 위에 있는 것이 아니라 공간상에 있기 때문에, 비록 그것이 만나지 않다 하더라도 평행하다고 말하지 않습니다.

한 평면 위에 있다는 말이 무슨 말이죠?

로바체프스키가 들려주는 비유클리드 기하학 이야기

키에게 질문합니다.

"선생님! 그럼 이런 경우도 평행선이 되겠네요. 이런 경우도 두 직선이 서로 만나지 않잖아요."

물론 똘똘이가 만든 두 직선도 서로 만나지는 않지만 그렇다고 두 직선이 평행하다고 말하지도 않습니다. 왜냐하면 두 직선이 평행하다고 말할 때에는 두 직선이 한 평면에 있을 때 한해서 말하기 때문입니다. 이 경우에는 두 직선이 어떤 한 평면 위에 있는 것이 아니라 공간상에 있기 때문에, 비록 그것이 만나지 않다 하더라도 평행하다고 말하지는 않습니다. 한 평면 위에 있다는 말이 무슨 말인지 헷갈린다고요? 그럴 때에는 여러분이 평평한 종이 한 장을 가지고 이리 저리 놓아서 두 직선을 모두 종이 위에 포함시킬 수 있는지를 생각해보세요. 평평한 종이에 모두 포함시킬 수 있다면 한 평면 위에 있는 것이고, 그렇지 못하면 한 평면 위에 있는 것이 아니랍니다. 아까 똘똘이가 말한 두 직선 같은 경우에는 평평한 종이 한 장이 두 직선을 모두 포함하지 못합니다. 그렇기 때문에 평행하다고 말할 수 없습니다.

이렇게 공간상에서 서로 다른 두 직선이 서로 만나지도 않고 평행하지도 않는 경우에 이들 두 직선은 꼬인 위치에 있다고 말합니다.

아이들이 두 직선이 평행한 경우와 꼬인 위치에 있는 경우를
잘 구별하지 못하겠다고 하자 로바체프스키는 선물상자를 가지
고 와서 설명합니다.

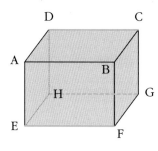

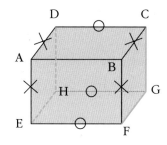

모서리 AB와 평행한 모서리   모서리 AB와 꼬인 위치에 있는 모서리

이 상자에서 모서리 AB와 평행한 모서리를 찾아봅시다. 한 평
면 위에 있으면서 만나지 않는 모서리를 찾으면 되므로 모서리
DC와 모서리 HG, 모서리 EF가 됩니다. 모서리 AB와 모서리
DC는 윗면 위에 있고, 모서리 AB와 모서리 HG는 면 AHGB 위
에 있으며, 모서리 AB와 모서리 EF는 옆면 ABFE 위에 있고 서
로 만나지 않기 때문에 평행한 것입니다.

그럼 모서리 AB와 꼬인 위치에 있는 모서리는 어느 것일까요?
곧바로 찾아내기에 힘들지요? 꼬인 위치란 먼저 서로 만나지 않
아야 하므로, 모서리 AB와 만나는 모서리에 ×표를 하여 그림과

로바체프스키가 들려주는 비유클리드 기하학 이야기

같이 그것들을 모두 제외시킵니다. 그리고 꼬인 위치란 평행한 위치에 있는 것이 아니므로, 이번에는 평행한 모서리에 ○표를 하여 위의 그림과 같이 그것들을 모두 제외시킵니다. 그러면 모서리 DH, 모서리 CG, 모서리 EH, 모서리 FG가 남는데 이것이 바로 모서리 AB와 꼬인 위치에 있는 모서리입니다. 이 모서리들은 모서리 AB와 만나지는 않지만 같은 평면에 있지 않기 때문에 평행하다고 말하지 않고 서로 꼬인 위치에 있다고 말하는 것입니다. 이젠 평행하다는 의미가 정리가 되었지요?

그럼 한 평면에서 평행선에 대해 좀 더 자세하게 알아봅시다. 다음과 같은 그림 중에서 평행선은 어느 것일까요?

①번에서 두 직선은 서로 만나므로 평행선이 명백하게 아닙니다. 그렇다면 그림 상에서 서로 만나지 않는 ②번과 ③번의 두 직선이 모두 평행선이 될까요? 정답은 'No'입니다. ③번의 두 직선은 평행선이 맞지만 ②번의 두 직선은 평행선이 아닙니다. 왜 그럴까요?

여러분은 이 문제를 풀기에 앞서 직선의 의미를 잘 생각해야만 합니다.

직선이란 양쪽으로 끝없이 곧바르게 나아가는 선을 말합니다.

아래의 첫 번째 그림과 같이 두 점이 끝점이 되어서 두 점 사이를 곧바르게 이은 선은 선분이라고 하고, 두 번째 그림과 같이 한 점에서 시작하여 다른 한쪽으로 곧바르게 끝없이 나아가는 선을 반직선이라 합니다. 직선과 반직선은 양쪽으로 그리고 한쪽으로 끝없이 나아가는 선이기 때문에 그 길이가 무한한데 반

로바체프스키가 들려주는 비유클리드 기하학 이야기

해, 선분은 양쪽 점을 끝점으로 하므로 그 길이는 어느 일정한 값이 되어 유한합니다. 이렇게 직선은 끝없이 양쪽 방향으로 계속 나아가는 선인데, 직선을 그릴 때 실제로 그렇게 그리려면 날이 새고 해가 지고 죽을 때까지 그려도 그리지 못하겠지요? 그래서 일상적으로 직선을 그릴 때에는 세 번째와 같이 양쪽 끝을 화살표로 표현하거나 또는 화살표를 그리지 않고 그냥 선으로도 표현합니다.

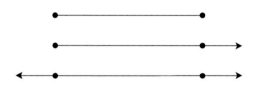

결국은 두 직선이 평행한지를 보려면 그림 상으로는 두 직선이 만나지 않는 것처럼 보일지라도 그것을 양쪽으로 계속 연장하여 그려서 만나지 않는지를 확인해야 합니다.

여러분이 직접 앞에서의 ②번 그림에서 두 직선의 양쪽 끝에서 연장선을 그려 보세요. 그림 상에서는 두 직선이 만나지 않지만 두 직선을 계속 연장하여 그린다면 아래와 같이 언젠가는 만나게 됩니다. 따라서 ②번의 두 직선은 평행선이 아닙니다. 하지

만 ③번 그림은 아무리 연장하여도 만나지 않으므로 평행선이
됩니다.

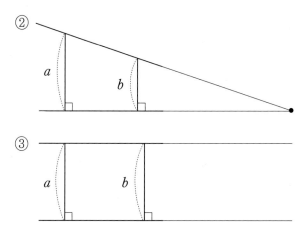

이렇게 양쪽을 계속 연장했을 때 만나는 경우는 다르게 말하면
두 직선 사이의 거리가 점점 가까워져서 결국은 만나는 경우라
고 할 수 있습니다.

즉 두 직선이 평행하지 않으면 두 직선의 거리인 a와 b의 길이
는 서로 다르고, 반대로 두 직선이 평행하면 두 직선 사이의 거
리는 a와 b뿐만 아니라 그 어느 곳이나 서로 같다는 것입니다.

이 외에도 두 직선이 평행선인지 아닌지 확인하는 방법은 동위

각의 크기나 엇각의 크기를 서로 비교하는 것입니다. 동위각이란 그림과 같이 두 직선이 다른 한 직선과 만날 때 같은 방향에 위치한 두 각을 말하고, 엇각이란 서로 엇갈린 두 각을 말합니다.

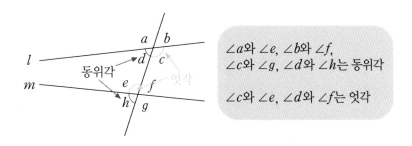

∠a와 ∠e, ∠b와 ∠f,
∠c와 ∠g, ∠d와 ∠h는 동위각

∠c와 ∠e, ∠d와 ∠f는 엇각

위의 그림에서 동위각인 ∠d와 ∠h를 비교해 보면 눈으로 보아도 그 크기가 다름을 볼 수 있습니다. 엇각인 ∠c와 ∠e를 비교해 보아도 그 크기가 다르다는 것을 알 수 있습니다. 이렇게 동위각이나 엇각의 크기가 서로 같지 않으면 두 직선은 서로 평행하지 않은 경우입니다.

만약 두 직선 l과 m이 서로 평행하면 동위각의 크기가 서로 같고, 엇각의 크기도 서로 같습니다. 반대인 경우도 성립합니다. 동위각의 크기가 서로 같거나 엇각의 크기가 서로 같으면 두 직선은 평행하게 됩니다.

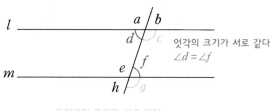

두 직선 l 과 m이 서로 평행할 때

엇각의 크기가 서로 같다
$\angle d = \angle f$

동위각의 크기가 서로 같다
$\angle c = \angle g$

이제는 평행하다와 평행선의 의미를 모두 알겠지요?

❶ 평행선이란 한 평면에서 두 직선이 서로 만나지 않을 때 두 직선은 서로 평행하다고 하고 이때 두 직선을 평행선이라 합니다.

❷ 공간에서 서로 다른 두 직선이 서로 만나지도 않고 평행하지도 않을 때 두 직선은 꼬인 위치에 있다고 합니다.

❸ 두 직선이 평행할 때 두 직선 사이의 거리는 어디에서나 모두 같습니다. 반대로 두 직선이 평행하지 않을 때에는 그 거리가 재는 위치에 따라 모두 다릅니다.

❹ 서로 다른 두 직선이 한직선과 만날 때 두 직선이 평행하면 동위각엇각의 크기가 같습니다. 반대로 한 쌍의 동위각엇각의 크기가 같으면 두 직선은 평행합니다.

평행선이 하나? 없다?
무수히 많다?
– 감추어진 진실

수학에서 절대적인 권위에 있었던 유클리드 기하학에서
어떤 점이 문제시되어 비유클리드 기하학이 나오게
되었는지 그 배경에 대해 간략하게 알아봅시다.

세 번째 학습 목표

비유클리드 기하학이 나오게 된 배경에 대해 알 수 있습니다.

미리 알면 좋아요

곡면 평평한 면과는 달리 구부러진 면을 말합니다. 예를 들어 평평한 종이는 평면에 해당되고, 이런 종이를 양손으로 잡고 둥그렇게 휘면 그 휘어진 면은 바로 곡면이 됩니다. 흔히들 곡면은 모든 면을 지칭해서 나타내는 것으로 평평한 평면도 곡면에 포함됩니다.

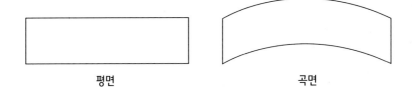

평면   곡면

로바체프스키의
세 번째 수업

오늘은 유클리드 기하학에서 어떤 점이 문제가 되어 비유클리드 기하학이 나왔는지 그 배경에 대해 알아보도록 하겠습니다.

지난 시간까지 우리는 유클리드 기하학이 무엇이며, 평행선의 의미와 그것이 갖는 성질들이 무엇인지를 공부했습니다. 우리는 비유클리드 기하학에 대해 공부할 것이므로 유클리드 기하학에 대해 간단하게 살펴보고 가는 것은 이해가 되는데, 왜 갑자기 평행선의 의미를 자세하게 살펴보았는지 궁금했지요? 다 이유가 있답니다. 바로 유클리드 기하학에서 이런 평행선이 문제가 되어 수학사에서 획기적인 변화를 일으켰기 때문입니다. 유클리드 원론 중 평행선 공준 또는 평행선 공리이라고 불리는 5번째 공준에서 논리적인 오류가 발견되었습니다. 함께 그 내용을 살펴볼까요?

> 직선 l과 l 위에 있지 않은 점 P가 있습니다. 점 P를 지나서 직선 l과 평행한 직선은 몇 개일까요?

여러분은 몇 개가 나왔나요? 그림과 같이 직선 m 한 개만 나왔나요?

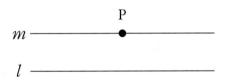

유클리드 기하학에서 평행선 공준은 바로 이와 같은 것으로, '직선 l과 l 위에 있지 않은 점 P가 주어질 때, 점 P를 지나서 직선 l과 평행한 직선은 m 단 하나밖에 존재하지 않는다'를 말합니

로바체프스키가 들려주는 비유클리드 기하학 이야기

다. 너무나도 당연하게 보이는 이 내용이 왜 문제가 되었을까요?

 사실 유클리드 자신도 이런 평행선 공준이 논리적으로 그리 완벽한 것이 아니라는 것을 어느 정도 느꼈던 것 같습니다. 유클리드는 다른 공리·공준들과는 달리 유독 평행선 공준을 사용하는 것을 꺼려했고, 이것은 이 공준 없이 많은 정리를 증명했다는 점에서 엿볼 수 있습니다. 유클리드 이후 몇몇 학자들도 평행선 공준의 불완전성을 인식하고 그것이 혹시 공준이 아닐지도 모른다는 의심을 해왔습니다. 나머지 4개의 공준으로부터 평행선 공준이 증명될 수 있을 것이라는 생각을 하거나, 논리적으로 더 합당한 대체물을 찾아내려고 끊임없이 노력해 왔습니다. 하지만 모두들 실패로 끝나버리고 말았습니다. 이 평행선 공준은 분명 무엇인가가 이상했지만 그렇다고 그 이상한 점을 증명하거나, 그것을 대체할 새로운 어떤 것을 찾지는 못했던 것이지요. 그러던 중에 18세기 사케리라는 학자는 평행선 공준을 부정하여 보면 어떨까라고 생각했습니다. 평행선 공준이 성립하지 않는다고 부정하여 증명해나가면 분명히 모순점들이 나와서 결국은 평행선 공준이 성립할 수밖에 없다고 생각했던 거지요. 그래서 사케리는 다음과 같은 세 가지 가설을 내세우고 이 중에 어느 하나는 반드시 성립할 것이라고 생각했습니다.

① 점 p를 지나 직선 l에 평행한 직선은 오직 하나 있다.

② 점 p를 지나 직선 l에 평행한 직선은 없다.

③ 점 p를 지나 직선 l과 평행한 직선은 적어도 두 개 있다.

사케리는 유클리드의 평행선 공준인 ①을 부정하고 대신에 ②로 대체하여 나머지 9개의 공리·공준들을 함께 생각해 본 결과, 모순된 결론에 이르게 되었습니다. 이 결과는 그가 의도한대로 잘 나온 셈이지요. 하지만 ①을 부정하고 ③을 택하여 나머지 9개의 공리·공준들과 함께 연구했을 때에는 그 결과가 전혀 모순된 내용이 아니었습니다. 조금 이상하긴 했지만 오히려 논리적으로 모순이 없는 새로운 결과들만 계속 나왔습니다. 이것은 아주 획기적인 연구 결과임에도 불구하고 사케리는 자신의 연구 결과를 받아들이지 않았습니다. 아쉽게도 사케리는 유클리드 기하학만이 절대적인 진리이고 유클리드 체계는 결코 피할 수 없는 결론이라는 신념이 매우 강했기 때문에 자신의 발견에서 한 걸음 더 나아갈 생각을 하지 못했던 것이지요. 오히려 사케리는 엉뚱하게도 자신의 발견한 것과는 전혀 반대로 유클리드 기하학은 확실하게 아무 결점이 없다고 결론을 내려 유클리드 기하학의 체계를 더욱 강력하게 하는 데 일조했습니다.

이런 평행선 공준은 모든 부분이 평평한 면, 쉽게 말하면 우리가 밟고 있는 바닥이나 교실의 칠판과 같은 평면에서는 당연히 맞는 이야기입니다. 하지만 가우스와 나로바체프스키, 볼리아이는

사케리의 세 가지 가설을 바탕으로 만약 평면이 아닌 구부러진 곡면에서도 이 공리가 성립할까라는 의구심을 갖고 끊임없이 연구하였습니다. 그 결과 우리는 평행선 공준은 유클리드 기하학의 다른 공리·공준들과는 독립적이라는 사실을 확립했으며, 이로부터 평행선 공준은 다른 공준들로부터 유도 불가능하다는 사실을 증명하였습니다. 그리고 구부러진 면의 종류에 따라서 유클리드 기하학의 평행선 공준을 다음과 같이 수정할 수 있다는 결론을 내렸습니다.

> 쌍곡면 위에서는 직선 l과 l 위에 있지 않은 점 p가 주어질 때, 점 p를 지나서 직선 l과 평행한 직선은 무수히 많이 존재한다.
> – 가우스, 로바체프스키, 볼리아이

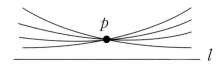

> 구면 위에서는 직선 l과 l 위에 있지 않은 점 p가 주어질 때, 점 p를 지나서 직선 l과 평행한 직선은 존재하지 않는다.
> – 리만

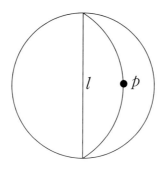

어떻게 이런 것들이 가능한지 이해가 되지 않지요? 이해가 되지 않는 것이 당연하지요. 그 당시 저명한 수학자들조차도 받아들이기 힘든 것이었으니까요. 이것에 관한 것은 나중에 함께 공부할 것이니 걱정하지 말아요. 어쨌든 우리는 이렇게 수정된 평행선 공준과 함께 유클리드의 나머지 9개의 공리·공준을 그대로 받아들여 아무 모순이 없는 새로운 기하학을 만들게 되었는데 그것이 바로 쌍곡 기하학, 구면 기하학입니다. 우리가 이렇게 유클리드의 5공준을 다른 공준으로 바꾸어 만든 기하학을 유클리드 기하학과 비교하여 비유클리드 기하학이라 부릅니다.

그 당시에 우리의 이런 생각은 매우 획기적인 것이었습니다. 하지만 세상 사람들의 인정을 받기는 커녕 완전히 무시되었고, 많은 비난을 감수해야 했습니다. 오랜 세월동안 유클리드식 사고방식이 지배하던 세상에서 우리의 주장은 그야말로 너무나도 새로운 것이어서 단숨에 인정받기가 어려웠던 것이지요. 심지어 그 당시 아주 유명했던 수학자인 가우스는 이런 획기적인 것을 발견하고도 사람들의 비난을 감수할 용기가 없어서 발표를 하지 않을 정도였으니까, 그때의 상황이 어떤지 짐작할 수 있겠지요?

그 당시까지 유클리드 원론의 힘이 얼마나 대단했던지 학문을 하는 학자들은 성경보다는 유클리드 원론에 손을 얹고 맹세할 정도였다고 합니다. 이렇게 2000여 년 동안 확고하게 신성시되

었던 유클리드 기하학을 우리가 '그것만이 진리는 아니다' 라고
했으니 사람들이 가만히 있었겠어요? 이렇게 우리의 비유클리드
기하학은 계속 인정받지 못하다가 우리가 발견하고 30여 년이
지난 후에 리만이라는 수학자가 공간을 분류하고, 비유클리드
기하학이 성립하는 공간을 수학적으로 제시한 이후에 체계적으
로 발전되고 점차적으로 사람들에게 주목받고 인정받기 시작했
습니다. 앞으로 우리는 이런 비유클리드 기하학에 대해 좀 더 자
세하게 공부할 것입니다.

수업 정리

❶ 유클리드 기하학 중 평행선 공준에서 논리적인 오류가 발견됨에 따라 유클리드 기하학과 맞서는 새로운 기하학, 즉 비유클리드 기하학이 생기게 됩니다.

❷ 비유클리드 기하학은 유클리드 기하학의 평행선 공준을 다음과 같이 수정하여 받아들이고 나머지 9개의 공리·공준은 그대로 받아들여 발달한 기하학입니다.

- 직선 *l*과 *l* 위에 있지 않은 점 P가 주어질 때, 점 P를 지나서 직선 *l*과 평행한 직선은 무수히 많이 존재한다.이렇게 수정된 평행선 공준을 받아들인 기하학을 쌍곡 기하학이라 합니다.

- 직선 *l*과 *l* 위에 있지 않은 점 P가 주어질 때, 점 P를 지나서 직선 *l*과 평행한 직선은 존재하지 않는다.이렇게 수정된 평행선 공준을 받아들인 기하학을 구면 기하학이라 합니다.

두 점을 최단 거리로 잇는 선이 항상 직선은 아니다?

평면에서 두 점을 최단 거리로 잇는 선은 직선입니다.
그렇다면 곡면 위의 두 점을 최단 거리로 잇는 선은
무엇인지 알아봅시다.

네 번째 학습 목표

1. 두 점을 최단 거리로 잇는 선에 대해 알 수 있습니다.

2. 평면과 구면, 원기둥과 원뿔에서 두 점을 최단 거리로 잇는 선을 그을 수 있습니다.

미리 알면 좋아요

1. 원 흔히들 원을 모진 부분이 없는 동그란 모양이라고 합니다. 수학에서 원의 정의를 정확하게 말하자면, 평면의 한 점에서 일정한 거리에 있는

점들의 모임입니다. 여러분이 컴퍼스로 원을 그릴 때를 생각하면 원의 정의를 쉽게 생각할 수 있습니다. 컴퍼스로 원을 그릴 때 한 점에 컴퍼스 다리 하나를 고정시키고 다른 한쪽 다리는 그 점으로부터 일정한 간격을 벌려 한 바퀴 돌려서 그리는데, 이때 두 다리 사이의 거리는 항상 처음에 벌린 간격을 그대로 유지하게 됩니다. 여기에서 고정된 다리가 찍은 점은 원의 중심이 되고, 두 다리 사이의 거리는 원의 반지름이 되는 것이요. 이렇게 컴퍼스로 원을 그리는 원리는 원의 정의를 이용한 것입니다.

2. 구 구는 쉽게 말하면 공 모양입니다. 수학에서 구의 정의는 2가지가 있습니다. 첫 번째 정의는 원의 정의와 비슷한데, 차이점은 원은 2차원 평면에서 정의되는 반면 구는 3차원 공간에서 정의된다는 점입니다. 즉 구란 공간의 한 점에서 일정한 거리에 있는 점들의 모임을 경계로 하는 입체를 말합니다. 두 번째 정의는 회전체로 정의하는 것으로, 반원의 지름을 축으로 하여 한 바퀴 회전시켰을 때 생기는 입체도형을 말합니다.

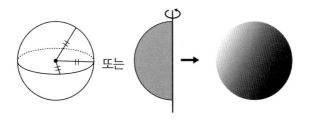

3. 원기둥 하나의 직사각형을 그 한 변을 축으로 하여 한 바퀴 회전시켰을 때 생기는 입체도형을 말합니다.

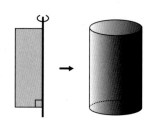

4. 원뿔 하나의 직각삼각형을 그 직각을 낀 한 변을 축으로 하여 한 바퀴 회전시켰을 때 생기는 입체도형을 말합니다.

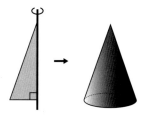

오늘은 두 점을 연결하는 가장 짧은 선에 대해 공부하겠습니다.

평면에서 두 점을 연결하는 선은 다음과 같이 다양한 방법으로
여러 개를 그릴 수 있습니다.

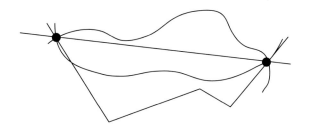

두 점을 연결한 선을 보면 구부러진 선, 곧은 선으로 구분할 수가 있습니다. 우리는 보통 구부러진 선을 곡선이라 하고, 곧은 선을 직선이라고 합니다. 또는 아래 그림과 같이 직선은 어느 점에서나 나아가는 방향이 항상 같고, 곡선은 나아가는 방향이 각각 다른 선이라고도 할 수 있습니다.

로바체프스키가 들려주는 비유클리드 기하학 이야기

그럼 서로 다른 두 점을 최단 거리로 연결한 선은 어느 것일까
요? 다음 그림은 집에서 학교까지 가는 길입니다. 가는 속도가
같다고 할 때 어느 길로 가는 것이 더 빠를까요?

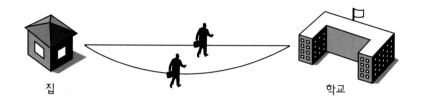

집   학교

당연히 곡선보다는 직선인 길로 가는 것이 훨씬 더 빠르겠지요? 이렇게 평면에서 서로 다른 두 점을 가장 짧게 연결한 선은 직선입니다. 하지만 평평한 면이 아니라 구부러진 면에서도 과연 두 점을 가장 짧게 연결한 선은 직선이 될까요?

여러분이 비행기 조종사가 되었다고 생각하고 인천에서 출발

하여 워싱턴까지 간다고 생각해 봅시다. 우선 지도에서 인천과 워싱턴의 위치를 확인해야겠지요? 지도를 펼치면 가로선과 세로선이 있습니다. 이는 지구에서 위치를 찾거나 표시할 때 편리하게 하기 위해서 그은 선입니다. 가로로 그은 선을 위도라고 하고, 세로로 그은 선을 경도라고 합니다. 지도에서 보는 것과 같이 인천과 워싱턴은 세로선인 경도는 다르지만 가로선인 위도는 거의 같습니다.

여러분이 조종사라면 비행기 연료도 줄이고, 피로감과 시간을 줄이기 위해서 비행경로가 짧으면 짧을수록 좋겠지요? 그럼 가장 짧은 거리로 가는 방법은 무엇일까요? 과연 지도에서와 같이 위도를 나타내는 선과 평행하게 동쪽 방향의 직선으로 비행하는 것이 가장 짧은 경로일까요?

지도상에서 인천과 워싱턴을 가장 짧은 거리로 가는 방법은 위도를 나타내는 선과 평행하게 동쪽 방향의 직선으로 가는 것입니다. 하지만 실제로 인천에서 워싱턴까지의 비행경로는 지도에서와 같이 일직선상으로 가지 않습니다. 그 이유는 지구는 지도와 같은 평면이 아니라 둥근 구 모양이기 때문입니다. 동그란 오렌지를 가지고 실험해 봅시다.

▨ 로 바 체 프 스 키 와 함 께 하 는 수 학 체 험

로바체프스키는 오렌지를 가지고 와서 아이들에게 나누어 주었습니다. 아이들은 흥미로워하며 로바체프스키 앞에 오렌지 하나씩을 들고 빙 둘러 앉았습니다.

오렌지를 지구라 생각하고 우선 적도를 표시해 봅시다. 이렇게 가운데에 적도를 그리고 이젠 인천과 워싱턴을 나타내는 두 점을 찍어야겠죠? 자, 두 지점의 위도가 같으니까 적도와 떨어진 위치가 같도록 이렇게 적도와 평행하게 찍어 봅시다. 모두 적도와 인천, 그리고 워싱턴을 표시하였죠?

"네."

그럼 인천과 워싱턴을 연결하는 가장 짧은 선은 과연 무엇일까요? 오렌지 위에 그려 봅시다.

"적도와 평행하게 두 지점을 검은색으로 연결하면서 당연히 이렇게 적도와 평행하게 연결한 선, 그러니까 위도를 표시한 선이 가장 짧아요."

너희들도 그렇게 생각하니? 혹시 다르게 생각한 사람!

"승호가 맞아요! 저희도 모두 그렇게 생각해요."

그럼, 두 지점을 연결하는 선을 여러 가지 방법으로 그려 봅시다.

아이들은 오렌지 위의 두 지점을 연결하는 선을 제각각 다양하게 그렸습니다.

로바체프스키는 실을 가지고 오더니 아이들이 그린 선의 길이를 실을 가지고 서로 비교하도록 하였습니다.

"선생님! 이상해요. 이 두 점을 연결한 선 중에서 가장 짧은 것은 아까 승호가 말한 것처럼 적도와 평행하게 동쪽으로 연결한 선이라고 생각했는데, 실제로 실로 재어 비교하니까 더 짧은 선이 있어요. 초록색 선을 가리키면서 이렇게 인천에서 약간 위로 비스듬하게, 그러니까 북동쪽으로 선을 그어 워싱턴을 나타내는 점을 연결하니까 이 선의 길이가 아까 이야기한 선보다 더 짧아요."

로바체프스키가 들려주는 비유클리드 기하학 이야기

그렇죠, 재정이가 말한 것처럼 동쪽으로 연결한 선보다 북동쪽의 방향으로 연결한 선이 더 짧습니다.

"이해가 안가요."

그럼, 직접 확인해 봅시다.
먼저, 여러분들이 가장 짧은 선이라고 생각한 선의 길이를 실로 재어서 표시해 보세요. 이번에는 이렇게 두 지점과 오렌지의 중심을 지나는 평면으로 오렌지를 잘라 봅시다 초록색 선을 포함한 원. 그리고 표시한 두 지점을 연결한 호의 길이를 실로 이렇게 재어 보세요 초록색 선.

"선생님! 진짜로 동쪽 방향으로 그은 선보다 두 점과 오렌지 중심을 지나는 평면으로 잘랐을 때 생기는 호의 길이가 더 작아요."

이제 확인되었죠? 실제로도 비행기를 타고 인천에서 워싱턴으로 갈 때에 정동쪽 방향으로 계속 비행하는 것이 아니라, 이렇게 북동쪽 방향으로 비행한답니다.

위의 실험과 같이 곡면에서는 두 점을 최단 거리로 연결한 선
은 직선이 아닙니다.

이렇게 어떤 곡면 위에서 두 점간의 최단 거리를 만드는 선을

로바체프스키가 들려주는 비유클리드 기하학 이야기

그 곡면의 측지선이라고 합니다.

평면 위에서 측지선은 직선이 되지만 곡면 위에서는 직선이 아니라 곡선이 측지선이 됩니다. 구면에서 측지선을 좀 더 자세하게 알아봅시다.

구면에서 구의 중심을 중심으로 하는 원을 대원이라 합니다. 구는 어느 방향으로 어떻게 자르더라도 그 단면은 항상 원이 되는 성질이 있습니다.

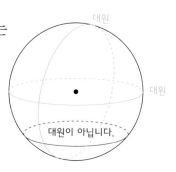

이렇게 생긴 단면 중에서도 구의 중심을 지나는 단면의 넓이가 가장 넓습니다. 따라서 구면 위의 원 중에서 구의 중심을 중심으로 하는 원이 가장 크다는 의미에서 그것을 대원이라고 부릅니다.

구에서는 이런 대원을 수없이 많이 그릴 수 있습니다. 지구에서 대원의 예를 들면 적도는 대원이 되지만, 위도를 나타내는 선은 대원이 아닙니다. 적도는 지구의 중심을 중심으로 하는 원이지만, 다른 위도를 나타내는 선은 지구의 중심을 중심으로 하지 않기 때문이죠. 경도를 나타내는 선은 모두 지구의 중심을 중심으로 하는 원이므로 대원이 됩니다.

구면에서 측지선은 바로 이런 대원의 일부입니다. 즉 구 위에 두 점이 있을 때 그 두 점을 잇는 가장 짧은 선은 대원에서 짧은 쪽을 말합니다.

따라서 인천과 워싱턴의 최단 경로는 1번 경로가 아니라, 대원의 일부인 2번 경로가 되는 것입니다.

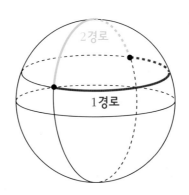

평평한 면에서 직선은 시작점과 끝점이 다르면서 양쪽 방향으로 곧게 나아가는 선입니다. 하지만 구면에서는 평평한 면에서와 같이 시작점과 끝점이 다른 직선을 그릴 수 없습니다. 구면은

로바체프스키가 들려주는 비유클리드 기하학 이야기

면 자체가 구부러져 있기 때문에, 두 점을 연결하여 같은 방향으로 계속 선을 그으면 원래 시작점으로 다시 되돌아오는 원이 그려집니다. 그냥 보기에는 이 원이 진행하는 방향이 모두 다르게 보이지만, 구면 위에서는 한 방향으로 진행하는 것입니다. 구면에서는 측지선인 대원을 직선으로 봅니다. 평평한 평면에서 직선의 의미와 시작점과 끝점이 다르고 같다는 차이가 있기는 하지만, 한 방향으로 진행하고, 두 점을 가장 짧은 거리로 연결한다는 점에서는 같은 의미를 갖기 때문입니다. 이런 점에서 일반적으로 구부러진 곡면에서는 측지선을 직선으로 봅니다.

평평한 평면에서의 직선   구면에서의 직선 : 측지선인 대원

	평면에서의 직선	구면에서의 직선
공통점	한 방향으로 진행한다.	두 점을 최단 거리로 잇는다.
차이점	시작점과 끝점이 다르다. 길이가 무한이다.	시작점과 끝점이 같다. 길이가 유한이다.

이번에는 원기둥에서의 측지선을 알아봅시다.

원기둥 위에 다음과 같이 두 점이 각각 찍혀 있다고 합시다. 두 점을 연결하는 가장 짧은 선을 각각의 경우에 그려 봅시다.

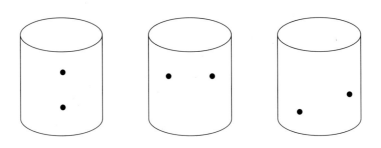

첫 번째와 두 번째는 그리기가 쉬울 것입니다. 첫 번째는 밑면과 수직으로 그은 직선이 두 점을 잇는 가장 짧은 선이고, 두 번째는 원 모양이 두 점을 잇는 가장 짧은 선입니다. 세 번째에서 두 점을 잇는 가장 짧은 선은 나선 모양이 됩니다. 언뜻 보기에는 이 나선이 두 점을 가장 짧게 연결하는 것처럼 보이지 않지만, 펼쳐 보면 이것이 왜 최단선인지 금방 알 수 있습니다. 원기둥을 펼쳐서 확인해 보면 두 점을 잇는 나선이 옆면에서 직선인 대각선이 되기 때문입니다. 따라서 원기둥에서 측지선은 두 점의 위치에 따라서 직선, 원, 나선이 됩니다.

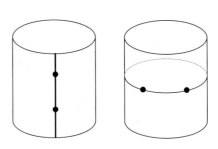

로바체프스키가 들려주는 비유클리드 기하학 이야기

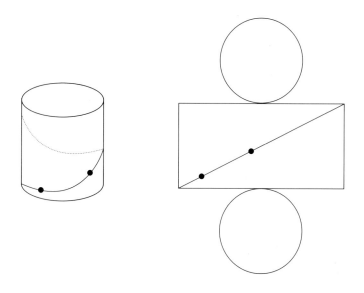

　여기에서 나선이 원기둥의 측지선 중 하나라는 사실이 놀랍지 않나요? 나선 모양은 빙빙 돌아가는 모양이므로 당연히 그 길이도 더 길어질 것 같았는데 실제로 펼쳐 보니 직선이 되어 두 점을 가장 짧게 연결하였는데요, 이런 예는 자연에서도 쉽게 찾아볼 수 있습니다. 나팔꽃을 보면, 원기둥의 나무 줄기를 이렇게 빙빙 나선형으로 감고 올라가면서 자라는 것을 볼 수 있습니다. 이제 여러분은 나팔꽃이 왜 나선형으로 빙빙 올라가면서 자라게 되었는지 눈치 챘지요? 이는 아무 이유 없이 그냥 빙빙 돌아가면서 자라는 것이 아니라, 나무를 최단 거리로 감기 위해서입니다. 실제로 나팔꽃 줄기를 펼쳐서 보면 직선이 됨을 쉽게 확인할 수 있습니다. 무심코 지나쳐 버린 사소한 것에서도 이렇게 수학적으로 깊은 뜻이 있다는 것이 놀랍지 않나요?

오늘 공부한 것과 같이 두 점을 최단 거리로 잇는 선은 항상 직선이라고 할 수 없습니다. 평면에서는 직선이 맞지만, 곡면일 때는 직선이 될 수도 있고 원이 될 수도 있고 나선이 될 수도 있는 것입니다.

네번째
수업 정리

❶ 두 점을 최단 거리로 잇는 선을 측지선이라 부릅니다.

❷ 평면에서 측지선은 직선입니다.

❸ 구면에서 측지선은 구의 중심을 중심으로 하는 구면 위에서의 원대원입니다.

❹ 원기둥면에서 측지선은 두 점의 위치에 따라 직선, 원, 나선이 됩니다.

❺ 일반적으로 곡면에서는 측지선을 직선으로 생각합니다.

곡면에는
어떤 것들이
있나요?

우리 주변에는 다양한 종류의 곡면이 있습니다.
비유클리드 기하학은 이런 곡면을 고려함으로써
발생되었는데요,
수학적으로 곡면에는 어떤 것들이 있는지 알아봅시다.

다섯 번째 학습 목표

여러 가지 곡면에 대해 알 수 있습니다.

미리 알면 좋아요

1. **포물선** 평면상에 하나의 정점 F와 하나의 정직선 g가 주어졌을 때 이것들로부터 거리가 같은 점들의 모임을 말합니다. 포물선은 우리 주변에서도 많이 볼 수 있습니다. 가장 쉬운 예로 물체를 공중에 비스듬히 던져 올렸을 때 던져진 물체가 그리는 선이 바로 포물선입니다.

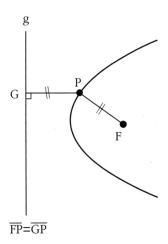

$\overline{FP} = \overline{GP}$

2. 타원 흔히 타원이라 하면 원을 찌그려 놓은 모양이라고 말하는데, 이것은
   정확한 표현이 아닙니다. 타원의 정의는 평면의 두 정점으로부터 거리의
   합이 일정한 점들의 모임으로 만들어지는 도형을 말합니다. 원과 비교하
   여 보면, 원은 한 정점을 기준으로 하는데, 타원은 두 개의 정점을 기준으
   로 합니다. 그리고 원은 그 정점에서 원 위에 있는 점까지의 거리가 모두
   같은데 비해서, 타원은 두 정점에서 타원 위에 있는 점까지 거리의 합이
   항상 같다는 차이가 있습니다. 타원을 그리는 방법은 다음 그림과 같이
   두 정점 F와 F'에 각각 실의 양끝을 고정시키고 실
   에 연필을 걸어 실을 팽팽하게 하면서 연필을 이동
   시키면 타원이 그려집니다. 이때 FP와 F'P의 길이
   의 합은 언제나 전체 실의 길이가 됩니다.

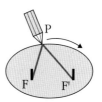

3. 쌍곡선 평면 위에 있는 두 정점으로부터의
   거리의 차가 일정한 점들의 모임으로 만들
   어지는 곡선을 말합니다. 쌍곡선을 그리는
   방법은 먼저 실의 중간쯤에 연필 끝을 고정
   시키고 양쪽의 실을 두 정점 F와 F'에 감습
   니다. 그리고 F 아래의 두 가닥 실을 함께
   잡아 위로 당겨 주거나 아래로 잡아당기면

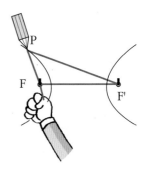

연필이 움직이면서 곡선을 그리게 되는데 그것이 바로 쌍곡선 중 하나입
니다. 나머지 한 개는 F' 아래의 두 가닥 실을 함께 잡아 위로 당겨 주거
나 아래로 잡아당겨서 그려 주면 됩니다.

오늘은 여러 가지 곡면에 대해 알아봅시다.

곡면이란 구부러진 또는 휘어진 면을 말하는 것으로, 음료수 캔, 고깔모자, 아이스크림 콘, 공, 산등성이, 계란, 팽이, 말안장 등, 우리 주변에서 아주 쉽게 찾아볼 수 있습니다.

　수학에서도 이런 곡면은 아주 중요한 연구 대상입니다. 대표적인 곡면으로는 원기둥면, 원뿔면, 포물면, 구면, 타원면, 쌍곡면 등이 있습니다. 이것을 쉽게 설명하면, 다음 그림과 같이 회전체를 생각하면 쉽습니다. 먼저 원기둥면은 직사각형을 회전시켜서 생기는 원기둥에서 겉의 면을 말하고, 원뿔면은 직각삼각형을 회전시켜서 생기는 원뿔에서 겉의 면을 말합니다. 포물면, 구면, 타원면은 포물선, 원, 타원의 반쪽을 회전시켰을 때 생기는 입체도형의 겉의 면을 말합니다. 마지막으로 쌍곡면은 쌍곡선을 그 축을 중심으로 회전시켜 만든 면인데, 쌍곡선은 그 축이 그림과 같이 2가지가 있으므로, 이것을 회전시켜서 만든 쌍곡면도 그림과 같이 2가지가 있습니다.

　이런 곡면들은 그 면이 구부러져 있기 때문에 직선이 포함되어 있지 않다고 생각하기 쉽습니다. 하지만 곡면은 직선을 그을 수

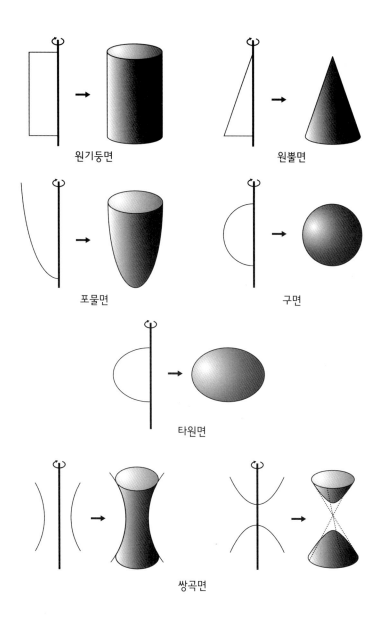

원기둥면

원뿔면

포물면

구면

타원면

쌍곡면

있는 면과 그렇지 않은 면으로 분류할 수 있습니다. 그림과 같이
원기둥의 옆면이나 원뿔의 모선에는 직선을 그을 수 있지만, 포
물면, 구면, 타원면, 쌍곡면에는 어느 방향으로 그려도 직선을
그을 수 없습니다.

그리고 곡면 중에서는 적당히 잘라 펼쳐서 평면을 만들 수 있
는 것이 있는가 하면, 그렇지 못한 것도 있습니다. 쉽게 말하면
전개도를 만들 수 있는 곡면과 그렇지 못한 곡면이 있다는 것입

로바체프스키가 들려주는 비유클리드 기하학 이야기

니다. 펼쳐서 평면을 만들 수 있는 곡면은 원기둥면과 원뿔면 같은 것들이 있는데요, 원기둥면은 펼치면 사각형 모양의 평면이 되고, 원뿔면은 부채꼴과 같은 평면이 됩니다.

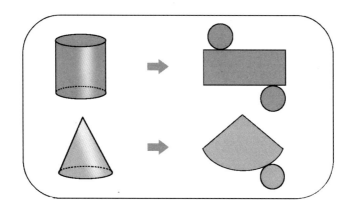

하지만 구면이나 타원면, 쌍곡면, 포물면과 같은 곡면은 모든 점에서 그 면이 구부러졌기 때문에 펼쳐서 평평한 평면을 만들 수 없습니다. 따라서 전개도도 만들 수 없습니다. 구면이나 타원면과 비슷하게 생긴 귤을 가지고 실험해 볼까요? 귤껍질을 벗겨서 바닥에 펼치면 평면이 될 수 있는지를 함께 살펴봅시다.

로바체프스키는 귤을 하나 가지고 왔습니다. 귤의 꼭지 부분에서부터 시작하여 칼로 칼집을 내고 귤껍질을 칼집에 따라 잘라서 아이들에게 보여주었습니다.

이렇게 굴껍질을 펼치면 평면이 되는 것처럼 보이지만 사실은
완전하게 평평한 평면은 되지 않습니다. 자세하게 보면, 굴껍질
의 모든 부분이 바닥과 붙어 있지 않고, 끝부분은 위로 약간 들
려지는 것을 볼 수 있습니다. 다른 방법으로 아무리 잘라서 펼쳐

로바체프스키가 들려주는 비유클리드 기하학 이야기

보아도 완전하게 평면은 되지 않습니다. 따라서 이런 면은 전개도를 만들 수 없습니다.

흔히 여러분 중에서는 어디에선가 축구공의 전개도를 본 적이 있을 것입니다. 공은 구 모양인데 그럼 구의 전개도도 있는 것이 아니냐는 의문을 가질 수 있는데요, 사실은 축구공은 완전한 구의 모양은 아닙니다. 아래 그림과 같이 12개의 정오각형과 20개의 정육각형이 교대로 배치된 다면체인데, 단지 우리 눈에 구처럼 보일 뿐입니다. 실제로 축구공을 만드는 과정을 보아도 축구공이 구가 아님을 볼 수 있습니다. 먼저 모든 면이 정삼각형으로 이루어진 정이십면체를 만든 후 각 모서리를 삼등분하고 꼭짓점들을 잘라냅니다. 각 꼭짓점에는 5개의 면이 모여 있으므로 이렇게 잘라내면 꼭짓점의 수만큼 정오각형이 생기게 됩니다. 즉 12개의 정오각형이 새로 생깁니다. 그리고 원래 20개의 정삼각형은 정육각형으로 변하게 됩니다. 가죽으로 이런 다면체를 만든 다음 공기를 불어넣으면 그것이 바로 축구공이 되는 것입니다. 이렇게 축구공은 구가 아닌 다면체이기 때문에 전개도가 가능한 것입니다.

다섯번째
수업 정리

❶ 곡면이란 구부러진 또는 휘어진 면을 말합니다.

❷ 곡면에는 원기둥면, 원뿔면, 구면, 포물면, 타원면, 쌍곡면 등 여러 가지가 있습니다.

❸ 곡면은 직선을 그을 수 있는 면과 그렇지 못한 면, 전개도가 있는 면과 그렇지 못한 면 등으로 구분할 수 있습니다.

곡선에서 구부러진 정도를 어떻게 나타내지요?

곡선에서 구부러진 정도를 나타내는 곡률에 대해 알아
보고, 이런 곡률이 기하학 발달에 어떤 영향을 끼쳤는지
살펴봅시다.

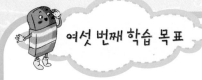

곡선의 구부러진 정도를 나타내는 곡률을 구할 수 있습니다.

미리 알면 좋아요

1. 육십분법 우리는 일반적으로 각의 크기를 나타낼 때 도°를 써서 나타내는 데 이런 방법을 육십분법이라고 합니다. 이것의 원리를 말하자면, 각도의 단위를 정할 때 원주를 360등분하여 각 호에 대한 중심각을 1도1°로 하고, 1도를 육십 등분한 것 중의 하나를 1분1', 그리고 1분을 육십등분한 것 중의 하나를 1초1"로 하는 방법입니다. 육십분법은 아주 오래전부터 쓰였는데, 고대 바빌로니아와 이집트의 천문학에서 1년약 360일에 1회전하는 항성천이 하루 동안 움직이는 각도로 결정한 것이 그 기원이라고 합니다.

2. 호도법 육십분법과 함께 각의 크기를 나타내는 방법 중의 하나입니다. 호도법의 원리는 다음과 같습니다. 반지름의 길이가 r, 호의 길이가 r인 부채꼴의 중심각의 크기를 1라디안radian이라 하는데, 이것을 단위로 하여 각의 크기를 나타내는 방법을 호도법이라 합니다. 원을 한 바퀴 도는 각도 360°는 2π라디안이고, 반원의 각도 180°는 π라디안인데, 보통 '라디안'의 단위명은 생략하여 2π, π라고 씁니다. 이런 호도법은 육십분법보다 계산이 더 편리하다는 장점 때문에 수학에서 더 널리 쓰인답니다.

호도법과 육십분법

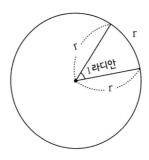

$$1라디안 = \frac{180°}{\pi} \qquad 1° = \frac{\pi}{180°} 라디안$$

육십분법	0°	30°	45°	60°	90°	180°	270°	360°
호도법	0	$\frac{\pi}{6}$	$\frac{\pi}{4}$	$\frac{\pi}{3}$	$\frac{\pi}{2}$	π	$\frac{3\pi}{2}$	2π

3. 무한대 우리가 셀 수 없을 정도로 무한히 커지는 수를 말합니다. 예를 들면 1, 2, 3, 4, …와 같이 자연수를 세면 언젠가는 만, 억, 조, 경까지 세게 되겠지요? 하지만 아무리 세어도 끝까지 셀 수는 없습니다. 이런 식으로 계속 무한히 세어서 커지는 수를 무한대라고 합니다. 이런 무한대는 ∞와 같이 씁니다.

로바체프스키의
여섯 번째 수업

오늘은 곡선의 구부러지는 정도를 나타내는 곡률에 대해 공부
하도록 하겠습니다.

우리가 사는 세계는 직선과 곡선, 평평한 면과 구부러진 곡면
이 있습니다. 우리가 사는 세계에서 대부분의 직선과 평평한 면
은 인간이 인위적으로 만든 것이 많습니다. 책상, 칠판, 아파트,
TV, 책, 상자, 도로 등은 직선이거나 평평한 면으로 이루어져 있

습니다. 하지만 눈을 돌려 자연의 세계로 들어가 봅시다. 나무, 꽃, 우리 인간의 몸, 여러 가지 동물과 식물들, 강줄기, 바위, 산, 파도, 구름 등은 곡선이나 곡면으로 이루어졌습니다. 이렇게 자연에서는 곡선과 곡면이 대부분을 차지합니다. 수학에서도 이런 곡선과 곡면은 기하학의 발달에 크나큰 영향을 미쳐왔습니다.

그럼 곡선과 곡면의 구부러진 정도를 어떻게 말할까요? 우리는 흔히 곡선이나 곡면의 구부러진 정도를 비교할 때 '많이 구부

로바체프스키가 들려주는 비유클리드 기하학 이야기

러진, 조금 구부러진, 완만한, 가파르게 구부러진, 오목한, 볼록한' 등 곡선이나 곡면의 구부러진 정도를 다양하게 표현합니다. 하지만 이렇게 표현하다보면, 똑같은 것을 보더라도 ○○는 많이 구부러졌다고 생각하는 반면에 ◎◎는 별로 많이 구부러지지 않았다고 생각할 수도 있습니다. 이럴 경우 서로 의사소통하는 데 어려움을 겪을 수도 있겠지요. 그럼 구부러진 정도를 수학적으로 객관적으로 표현하는 방법이 없을까요?

수학에서는 구부러진 정도를 수로 나타낸 것을 곡률이라고 합니다.

보통 많이 구부러지면 곡률이 크다고 말하고 조금 구부러졌으면 곡률이 작다고 말합니다. 수학적으로는 곡률을 어떻게 표시할까요? 이 시간에는 우선 곡선의 곡률부터 보도록 합시다.

곡선을 무한히 짧게 나누었다고 생각하면 각각의 부분은 원의 일부인 호로 생각할 수 있습니다.

이때 각각의 원의 반지름을 그 점에서 곡률반경이라고 하고, 그것의 역수 $\dfrac{1}{곡률반경}$ 을 그 점에서 곡률이라고 합니다.

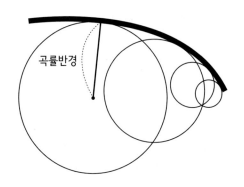

곡률반경

로바체프스키가 들려주는 비유클리드 기하학 이야기

곡선에서 곡률반경이 커질수록 구부러지는 정도도 완만해지므로 곡률은 작아집니다. 반대로 곡률반경이 작으면 작을수록 구부러지는 정도도 심해지므로 곡률은 커지게 됩니다. 위의 곡선은 오른쪽으로 갈수록 곡률반경이 점점 더 작아지므로 곡률은 점점 더 커지게 됩니다.

로바체프스키는 줄넘기 줄을 가지고 와서 땅 위에 꾸불꾸불하게 놓았습니다. 그리고 아이들 세 명을 줄넘기 줄 위에 세웠습니다.

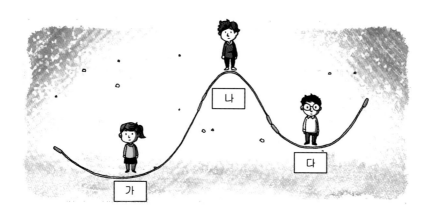

여기에 놓은 줄넘기 줄을 보면 곡률이 각각 다른 곡선 모양인데요, 우리 친구들이 서 있는 곳에서 곡률을 구해 보고 곡률이 큰 것부터 차례대로 나열하여 볼까요? 우선 곡률반경부터 그려

봅시다. 곡률반경을 큰 것부터 나열하면 '가-다-나' 순이네요. 따라서 곡률이 가장 큰 부분은 '나' 부분이고, 가장 작은 부분은 '가' 부분이 됩니다. 실제로 줄의 모양을 보더라도 '나' 부분이 가장 많이 구부러졌고, '가' 부분이 가장 적게 구부러진 것을 볼 수 있습니다.

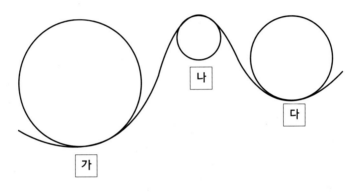

그렇다면 아래와 같이 원의 일부인 곡선의 곡률을 알아봅시다.

곡률을 구하기 위해서는 곡률반경을 찾아야겠지요? 하지만 위와 같이 그 구부러진 정도가 너무나도 완만한 곡선에서 곡률반경을 측정하는 것은 그리 간단한 문제가 아닙니다. 이 곡선을 일부로 하는 원을 그리기 위해서는 이 곡선이 그려진 바로 이 책에서의 공간만으로는 부족하니까요. 그럼 이 곡선보다 훨씬 더 완만한 곡선에서 곡률반경은 어떻게 측정할까요?

　곡률반경을 가지고 곡률을 측정하는 것은 간단한 방법이긴 하지만 위와 같이 곡률반경이 큰 경우, 즉 구부러진 정도가 아주 완만한 경우에는 한계점이 많습니다. 그래서 일반적으로 곡률을 측정할 때에는 다음과 같은 방법을 많이 사용합니다.

곡선의 곡률

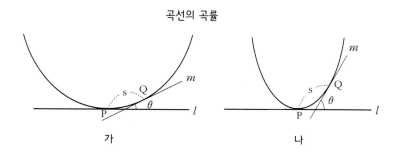

가　　　　　　　　　나

　곡선 위에 점 P와 그 점 아주 가까이에 점 Q가 있다고 합시다. 그리고 점 P에서 Q까지의 아주 작은 이동거리를 s라 하고, 두 점 P, Q에서의 접선을 l과 m, 그리고 l과 m이 만드는 각을 θ라고 합시다. (가) 그림과 (나) 그림을 보면, 점 P와 점 Q의 거리가 같다고 하더라도 두 접선이 이루는 각 θ가 커짐에 따라 곡선이 더 많이 구부러진다는 것을 알 수 있습니다. 즉 같은 거리에 대해서 θ가 커지면 곡률이 커지는 것을 볼 수 있습니다. 이런 성질을 이용하여 곡률을 아래와 같이 정의하기도 합니다.

중요 포인트

$$곡률 = \frac{접선이 \ 이루는 \ 각}{두 \ 점 \ 사이 \ 곡선의 \ 길이}$$

이렇게 곡률을 정의하면 아주 완만한 곡선의 곡률을 구할 때 곡률반경을 측정해야 하는 번거로움은 피할 수 있습니다.

그럼 직선의 곡률은 얼마일까요? 앞에서 보았듯이 구부러진 정도가 작으면 작을수록, 즉 점점 직선에 가까우면 가까울수록 곡률의 값은 점점 더 작아졌습니다. 그렇다면 직선의 곡률을 얼마로 추측할 수 있을까요? 직선은 구부러지지 않은 곧바른 선이 므로 곡률이 0이 될 것이라고 추측할 수 있는데 그것이 맞는지 한번 구해 봅시다.

직선 위에 가까운 거리에 있는 두 점 P와 Q를 잡아서 그 사이의 거리를 s라 하고, 점 P와 Q에서 각각 접선을 그려서 접선이 이루는 각의 크기를 θ라 합시다. 그러면 직선의 곡률은 $\frac{\theta}{s}$가 되겠지요? 그런데 두 점 P와 Q에서 각각 접선을 그리면 원래의 직

로바체프스키가 들려주는 비유클리드 기하학 이야기

선과 겹치게 되고, 따라서 두 접선이 이루는 각의 크기는 0라디안이 됩니다. 그러므로 직선의 곡률은 $\frac{\theta}{s} = \frac{0}{s} = 0$이 되는 것이지요.

직선의 한 점에서 접선을 그리게 되면 원래의 직선과 똑같은 직선이 되지요. 그래서 직선 위의 두 점에서 접선을 그리고 그 접선이 이루는 각의 크기를 측정하면 언제나 0이 될 수밖에 없답니다.

이번에는 처음에 했던 방식으로 구해 볼까요?

직선의 한 점에서 곡률반경을 구해 봅시다. 이 직선을 원주로 하는 원을 그리기 위해서는 반지름이 아주 커야 합니다. 우리가 상상하지 못할 정도로 반지름을 매우 크게 해야겠지요. 즉 반지름이 아주 큰 무한대가 되면 원이 그려질 것입니다. 무한대는 기호로 ∞와 같이 나타낼 수 있으므로 직선의 곡률반경은 ∞이 됩니다. 따라서 직선의 곡률은 $\frac{1}{\infty}$이 되고 이 값은 0이 되므로 직선의 곡률은 0이 됩니다. 두 가지 방법 모두 직선의 곡률은 우리가 추측했던 것과 같이 0이 나옵니다.

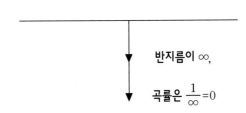

반지름이 ∞,

곡률은 $\frac{1}{\infty}=0$

　이런 곡률은 가우스와 리만이 도입한 것으로 우리가 만든 비유클리드 기하학을 확고하게 뒷받침하는 데 큰 역할을 했습니다. 만약 곡률이라는 개념이 없었다면 우리의 비유클리드 기하학은 지금과 같이 인정받지 못했을 것입니다. 이렇게 곡선에서 곡률의 개념이 있었기 때문에 이것을 이용하여 곡면의 곡률도 구할 수 있었고, 이로 인해서 여러 가지 공간을 정의할 수 있었습니다. 그리고 이런 공간으로 인해서 우리의 비유클리드 기하학은 새로운 기하학으로 증명될 수 있는 모델을 얻게 되었습니다. 이것에 관한 이야기는 다음 시간에 곡면의 곡률과, 곡률에 따른 곡면의 분류를 공부한 다음에 다시 이야기하도록 하지요.

여섯번째
수업 정리

① 곡선이란 구부러진 선을 말합니다.

② 곡선에서 구부러진 정도를 나타낸 것을 곡률이라고 합니다.
곡선의 곡률을 구하는 방법에는 두 가지가 있습니다.

① 곡률 = $\dfrac{1}{곡률반경}$

② 곡률 = $\dfrac{두\ 점에서\ 접선이\ 이루는\ 각}{두\ 점\ 사이\ 곡선의\ 길이}$

③ 곡률이 클수록 곡선은 더 많이 구부러져있고, 곡률이 작을수록 곡선은 더 조금 구부러져 있습니다.

④ 직선의 곡률은 0입니다.

곡면의 곡률이
비유클리드 기하학을
살렸다?

곡면에서는 구부러진 정도를 어떻게 나타내고
곡률에 따라 곡면을 어떻게 분류할 수 있는지, 그리고
이런 곡면에 따라 기하학의 형태가 어떻게 달라지는지
알아봅시다.

일곱 번째 학습 목표

1. 곡면의 구부러진 정도인 곡률을 어떻게 측정하는지 이해할 수 있습니다.

2. 곡률에 따라 곡면을 구분할 수 있습니다.

3. 곡면의 곡률에 따라 기하학의 형태가 달라짐을 알 수 있습니다.

미리 알면 좋아요

1. 평균 어떤 값들 사이에서 중간 값을 나타내는 양을 말합니다. 구하는 방법은 x_1, x_2, x_3, $\cdots$, x_n과 같이 어떤 값이 n개 있다고 할 때 이 값들의 평균은 이것들을 모두 더해서 전체 개수인 n으로 나누는 것입니다. 예를 들어 똑똑이가 학교 시험에서 국어, 수학, 영어, 과학의 점수를 각각 90점, 94점, 91점, 93점을 받았다고 하면 똑똑이의 평균은 $\dfrac{90+94+91+93}{4}$ =92점이 되는 것입니다.

2. 견인곡선 이는 다른 말로 추적곡선 또는 트랙트릭스tractrix라고도 합니다. 한 점 Q가 X선 상을 일정한 속도로 움직일 때, 다른 한 점 P가 항상 Q를 목표로 하여 일정한 빠르기로 움직인다고 합시다. 이때 점 P가 그리는 곡선이 견인곡선입니다. 다르게 설명하자면, 평면상의 A점에 어떤 물체가 있고 그 물체에 길이가 a인 밧줄이 달려 있다고 합시다.이때 물체는 A에 고정된 것이 아닙니다. 그리고 밧줄의 다른 끝을 O점에 있는 사람이 쥐고 있다고 합시다. 그 사람이 직선상을 걸을 때 밧줄 끝에 매달린 물체는 점점 밑으로 이동하게 됩니다. 이렇게 물체가 지나간 자취를 견인곡선이라 합니다.

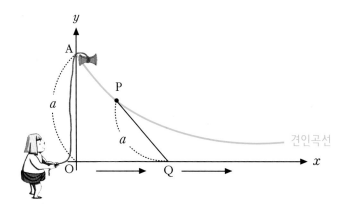

지난 시간에는 곡선의 곡률에 대해 공부하였는데요, 오늘은 곡면에서 곡률은 어떻게 구하고, 이런 곡률에 따라서 곡면을 어떻게 분류할 수 있는지, 이것이 기하학에 미친 영향은 무엇인지에 대해 생각해 보겠습니다.

곡면에서 구부러진 정도는 곡선과 마찬가지로 곡률을 이용하여 측정합니다. 하지만 곡면에서의 곡률은 곡선에서와 같이 간단하지 않습니다. 포물면을 예로 들어 봅시다.

포물면 위의 한 점 P에서 곡률은 곡선에서와 같이 한 가지로 결정되지 않습니다.

점 P를 지나는 곡선 중에서 l과 m을 보면, 같은 점을 지난다 할지라도 두 곡선의 곡률은 서로 다르다는 것을 알 수 있습니다. 곡선 l은 그 구부러짐이 심하므로 곡률이 크고, 곡선 m은 상대적으로 완만하므로 곡률이 작습니다. 뿐만 아니라 점 P를 지나는 곡선은 이 두 곡선만 있는 것이 아니라 수없이 많이 존재하고 그 곡률도 모두 다릅니다. 그럼 곡면의 곡률은 어떻게 측정할까요?

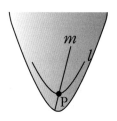

점 P를 지나는 곡선 중에서 곡률이 가장 큰 곡선 l의 곡률을 a라 하고, 곡률이 가장 작은 곡선 m의 곡률을 b라고 하면, 두 곡률의 평균을 점 P에서의 평균곡률이라고 합니다.

$$\frac{1}{2} \times (a+b)$$

그리고 최대곡률 a와 최소곡률 b의 곱을 전곡률 또는 가우스 곡률이라고 합니다. 포물면의 경우에는 각 점에서 곡선의 곡률이 다르기 때문에 전곡률이 모두 같지는 않습니다. 하지만 구면과 같은 경우에는 모든 점에서 곡률이 같기 때문에 전곡률도 모두 같습니다. 이렇게 곡면이 어떻게 구부러졌나에 따라 모든 점에서 전곡률이 같은 곡면이 있는가 하면, 전곡률이 모두 다른 곡면도 있습니다. 곡면에서 곡률이라 하면 보통 전곡률을 의미하므로 지금부터 우리는 그냥 곡률이라 부르겠습니다.

위의 내용을 다시 정리해 보면 곡면의 곡률을 구할 때에는 한 점을 잡고 그 점을 지나는 곡선 중에서 가장 곡률이 큰 것과 가장 곡률이 작은 것을 구해서 곱해야 합니다. 여기에서 곡선이 밖으로 볼록하면 곡률을 양수로 하고, 곡선이 오목하게 들어가 있으면 곡률을 음수로 합니다. 앞에서 배운 곡선의 곡률과 다르다고요? 앞에서 곡선의 곡률의 값은 항상 양수였지요? 곡선이든 곡면이든 곡률이라는 것이 그 구부러진 정도를 나타낸다는 점에서는 동일하지만, 그것을 구하는 방법에서는 이렇게 차이가 난답니다. 이렇게 곡선의 곡률과 곡면의 곡률이 서로 차이가 난다는 점에서 우리는 한 가지 추측할 수가 있습니다. 곡선의 곡률과는 다르게 곡면의 곡률은 음수도 나올 수 있다는 것입니다. 진짜 그런지 여러 가지 곡면의 곡률을 구해 보면서 확인해 볼까요?

　　로바체프스키는 통조림 깡통과 고깔모자, 농구공과 럭비공, 그리고 말안장을 가지고 왔습니다.

　　먼저 이 통조림 깡통과 고깔모자의 곡률을 구해 봅시다. 통조림 깡통은 원기둥면이고, 고깔모자는 원뿔면인데요, 각각 면의 한 점에서 곡률이 가장 큰 곡선과 곡률이 가장 작은 곡선을 그려 봅시다. 곡률이 가장 큰 곡선은 그림과 같이 둘 다 밑면과 평행한 곡선이고, 곡률이 가장 작은 곡선은 그것과 수직방향인 직선입니다. 앞에서 원기둥과 원뿔에서는 직선을 그릴 수 있다고 했지요? 원기둥의 경우에는 옆면에서 밑면과 수직인 방향으로 직선을 그릴 수 있었고, 원뿔에서는 모선 방향으로 직선을 그릴 수 있었습니다.

　　통조림 깡통과 고깔모자 모두 곡률이 가장 작은 곡선으로 직선이 그려지므로 최소곡률이 0이 됩니다. 따라서 최대곡률이 아무리 크게 나와도 최대곡률과 최소곡률의 곱인 곡률은 언제나 0이 됩니다.

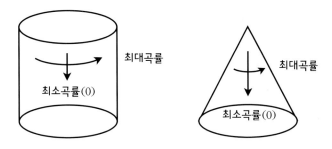

최소곡률(0) × 최대곡률 ⇒ 0

이번에는 농구공과 럭비공의 곡률을 구해 봅시다. 농구공은 구면이고, 럭비공은 완벽하게 타원면은 아니지만 그래도 타원면과 비슷합니다. 둘 다 모두 그 면이 밖으로 볼록한 모양이므로 어느 점에서 곡선을 그리더라도 모두 밖으로 볼록하게 그려집니다. 따라서 최대곡률도 양수이고 최소곡률도 양수가 되어 결국은 두 값의 곱인 곡률도 양수가 됩니다. 만약에 어느 점에서 곡선을 그리더라도 모두 안으로 오목하게 그려지는 곡면이 있다면 최대곡률도 음수이고 최소곡률도 음수이므로 곡률은 양수가 됩니다.

 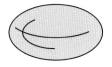

최소곡률(>0) × 최대곡률(>0) ⇒ 양수

마지막으로 말안장의 곡률을 구해 봅시다. 말안장은 가로 방향으로는 오목하고 세로 방향으로는 볼록합니다. 따라서 가로 방향의 곡률은 음수이고, 세로 방향의 곡률은 양수가 됩니다. 따라서 최대곡률과 최소곡률의 곱은 언제나 음수가 되기 때문에 이러한 말안장의 곡률은 음수가 됩니다.

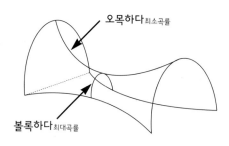

오목하다 최소곡률

볼록하다 최대곡률

최소곡률(<0) × 최대곡률(>0) ⇒ 음수

리만이라는 수학자는 이런 곡률을 이용하여 공간을 휘어지는 정도에 따라서 여러 가지로 분류하였습니다. 리만은 이중 곡률이 0으로 일정한 공간, 음수로 일정한 공간, 양수로 일정한 공간을 강조하였는데요, 이러한 공간들이 바로 유클리드 기하학과 비유클리드 기하학을 설명해 주는 모델이 됩니다.

곡률이 0으로 일정한 공간은 유클리드 기하학이 성립하는 공간으로 우리가 보통 다루어 온 휘어지지 않은 공간입니다. 곡률

로바체프스키가 들려주는 비유클리드 기하학 이야기

이 음수로 일정한 공간은 쌍곡 기하학이 성립하는 공간으로 일정한 비율로 안쪽으로 휘어진 공간입니다.

　구가 모든 곳에서 동일한 비율로 밖으로 휘어진 볼록한 공간이라면, 쌍곡 기하학이 성립하는 공간은 아래 그림과 같이 동일한 비율로 안으로 굽어진 공간입니다. 이것은 견인곡선을 회전시켜 만든 공간인데요, 쉽게 말하면 나팔 두 개를 맞대어 붙여 놓은 것과 비슷하다고 생각하면 됩니다.

곡률이 음수로 일정한 공간　　　　곡률이 양수로 일정한 공간

　하지만 이런 공간은 구와는 달리 우리가 사는 3차원에서는 실제로 정확하게 구현될 수 없기 때문에, 가상의 구, 거짓인 구라는 뜻에서 의구 또는 위구라고 불리기도 합니다. 나와 가우스, 그리고 볼리아이는 이런 공간에서 유클리드의 평행선 공준이 모순이 됨을 증명하고 이 공간에서 새로운 비유클리드 기하학을

만들었습니다. 따라서 이 공간은 내 이름을 따서 로바체프스키 공간이라고 부르기도 한답니다.

그리고 마지막으로 곡률이 양수로 일정한 공간은 구면 기하학이 성립하는 공간으로 일정한 비율로 밖으로 휘어진 공간입니다.

이런 공간은 구가 되는데, 리만은 이 공간을 택하여 우리와는 다른 방향으로 비유클리드 기하학을 만들었습니다. 이렇게 곡률은 공간을 결정하고 더 나아가 기하학의 형태까지도 결정짓는 아주 중요한 개념입니다.

이렇게 리만이 곡률로 공간을 정리함에 따라 우리가 만든 비유클리드 기하학이 인정받을 수 있었고 그 위치가 확고해질 수 있었습니다. 그리고 기존의 유클리드 기하학과 우리가 만든 비유클리드 기하학이 각각 서로 독립된 것이 아니라 기하학의 부류로 통합되는 계기가 되었고, 기하학을 새로운 방향으로 발전시키게 되었습니다. 이를 기반으로 기하학뿐만 아니라 수학의 전 분야가 새로운 시각과 함께 획기적인 발달을 이룰 수 있었고, 심지어는 과학에도 큰 영향을 주어 아이슈타인의 상대성 원리와 같은 훌륭한 발견도 할 수 있었던 것입니다.

로바체프스키가 들려주는 비유클리드 기하학 이야기

일곱번째 수업 정리

❶ 곡면의 곡률은 곡면의 한 점을 지나는 곡선 중에서 곡률이 가장 큰 곡선의 곡률과 가장 작은 곡선의 곡률을 곱한 것과 같습니다. 최대곡률×최소곡률

❷ 곡률이 0의 값을 갖는 곡면은 전개도를 그릴 수 있는 원기둥면이나 원뿔과 같은 곡면이고, 곡률이 양수인 값을 갖는 곡면은 구면이나 타원면과 같은 곡면입니다. 곡률이 음수인 값을 갖는 곡면은 말안장과 같이 생긴 곡면으로 한쪽 방향으로는 볼록하고 다른 방향으로는 오목한 곡면입니다.

❸ 리만은 곡률에 따라 공간을 분류하였습니다. 그중에서 곡률이 0으로 일정한 공간은 유클리드 기하학이 성립하는 유클리드 공간, 곡률이 양수로 일정한 공간은 구면 기하학이 성립하는 공간이며, 곡률이 음수로 일정한 공간은 쌍곡 기하학이 성립하는 공간입니다.

쌍곡 기하학은
유클리드 기하학과
어떻게 달라요?

비유클리드 기하학 중의 하나인 쌍곡 기하학의 특징에
대해 알아봅시다.

1. 쌍곡 기하학이 성립하는 곡면에 대해 알 수 있습니다.

2. 쌍곡면 위에서 유클리드의 평행선 공준이 어떻게 바뀌는지 이해할 수 있습니다.

3. 쌍곡면 위에서 삼각형의 내각의 크기의 합이 어떻게 되는지 이해할 수 있습니다.

4. 쌍곡면 위에서 측지선에 대해 알 수 있습니다.

미리 알면 좋아요

유클리드 공간에서 삼각형의 세 내각의 크기의 합은 180°입니다. 유클리드 공간에서는 평행선 공준이 성립하고, 이에 따라 평행선상에서 엇각과 동위각의 크기가 같기 때문에 삼각형의 세 내각의 크기의 합은 180°가 되는 것입니다. 이는 증명하는 과정을 보면 쉽게 알 수 있습니다.

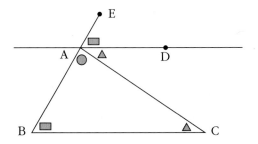

[증명] 위의 그림과 같이 삼각형 ABC에서 변 AB를 연장하여 그 위에 점 E 를 찍습니다. 그리고 꼭짓점 A에서 변 BC와 평행하게 직선을 그리 고, 그 직선 위에 점 D를 찍습니다. 두 직선이 평행하고 ∠ABC와 ∠EAD는 동위각이므로 이 두 개의 각의 크기는 같습니다.

∠ACB와 ∠DAC는 엇각이므로 이 두 개의 각의 크기도 서로 같습 니다. 따라서 삼각형의 세 내각의 크기의 합은

$$\angle ABC + \angle ACB + \angle CAB = \angle EAD + \angle DAC + \angle CAB = 180°$$

가 되는 것입니다.

위의 증명 과정에서 만약 점 A에서 변 BC와 평행한 평행선을 그릴 수 없거 나 그 개수가 두 개 이상이면 동위각이나 엇각의 크기가 서로 같은 것이 성 립하지 않으므로 위와 같은 증명도 성립하지 않겠지요.

여러분은 지금까지 2000여 년 동안 절대적인 권위를 누렸던 유클리드 기하학에서 어떻게 비유클리드 기하학이 생겨나게 되었는지 그 배경들을 살펴보았습니다. 나를 비롯한 여러 수학자들은 논리적으로 완벽하다고 믿어왔던 유클리드 기하학의 여러 공리 중에서 평행선 공준에 모순이 있다는 것을 발견하였습니다. 유클리드 기하학은 구부러지지 않은 평평한 면과 공간을 대상으로 하였기 때문에 이런 평면과 공간에서 평행선 공준은 아무런 문제점들을 갖지 않지만, 관점을 달리하면 그렇지 않다는 것이지요.

즉 구부러진 곡면과 공간에서는 다른 공리·공준들은 모두 성립하지만 평행선 공준은 성립하지 않는다는 것입니다. 따라서 새로운 기하학의 필요성이 제기되었고, 그 결과 유클리드의 다른 공리들은 모두 받아들이면서 평행선 공준만을 바꾼 비유클리드 기하학이 만들어지게 되었습니다.

그리고 공간을 곡률에 따라서 곡률이 0인 공간, 양수인 공간, 음수인 공간으로 구분함으로써 유클리드 기하학과 함께 비유클리드 기하학의 대상이 된 공간이 설명될 수 있었습니다. 이것으로 비유클리드 기하학은 더 이상 기괴한 것이 아니라 논리적으로 합당한 또 하나의 기하학이라는 것을 인정받게 된 셈이지요.

오늘 공부하게 될 내용은 비유클리드 기하학의 시초라고 할 수 있는 쌍곡 기하학에 관한 내용입니다. 이런 쌍곡 기하학은 가우스, 나로바체프스키, 그리고 볼리아이가 만든 기하학입니다. 이런 쌍곡 기하학은 유클리드 기하학과 어떤 점에서 차이가 나는지 그 특성을 중점적으로 공부하도록 합시다.

쌍곡 기하학은 바로 곡률이 음수로 일정한 공간에서 성립하는 기하학으로, 앞에서 보았던 위구_{또는 의구}와 같은 공간에서 성립하는 기하학입니다.

이 공간은 양쪽 끝으로 갈수록 점점 작아져서 그 간격이 0에 가까워지고, 가운데로 갈수록 점점 커져 그 간격이 무한대로 커지는 공간으로, 안으로 휘어진 공간입니다. 쉽게 말하면 나팔 두 개를 서로 맞대어 붙여 놓은 것과 비슷한 모양입니다.

먼저 가장 핵심적인 사항인 평행선 공준이 유클리드 기하학과 어떻게 차이가 나는지 알아봅시다. 이 공간에서 직선 l과 l 위에 있지 않은 점 P가 주어졌을 때 점 P를 지나면서 l과 평행한 직선은 몇 개가 될까요?

평행선은 만나지 않는 선이므로 직선 l과 만나지 않는 직선을 그려보면 그림과 같이 여러 개가 존재합니다. 상상하기가 어렵지요? 우선 점 P를 지나면서 직선 l과 평행한 직선은 m과 n이 있습니다. 그리고 m과 n 사이에 있는 모든 직선도 직선 l과 만나지 않으므로 평행하게 되고, 결국 평행선은 무수히 많이 존재하게 됩니다. 이뿐만 아니라, 이 공간에서 두 평행선 사이의 거리는 양쪽 끝 방향으로 가면 0에 점점 가까워지고 하지만 만나지는 않습니다 가운데 방향으로 가면 그 거리가 무한이 되는 기괴한 특성이 있습니다.

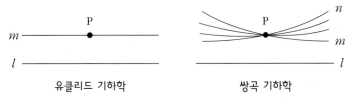

유클리드 기하학　　　　　　쌍곡 기하학

로바체프스키가 들려주는 비유클리드 기하학 이야기

그리고 이 공간에서는 삼각형의 세 내각의 크기의 합이 180° 라
는 유클리드 기하학의 정리도 성립하지 않습니다. 왜 그럴까요?
이런 공간에서는 평행선 공준이 성립하지 않으므로 평행선상에서

동위각과 엇각의 크기가 같다는 성질이 성립하지 않기 때문입니다. 삼각형의 세 내각의 크기의 합이 180°라는 것은 평행선상에서 동위각과 엇각의 크기가 같다는 성질을 이용해서 증명이 되는데, 쌍곡면 위에서는 이러한 성질이 성립하지 않기 때문에 삼각형의 세 내각의 크기의 합이 180°가 아니라는 것입니다.

그럼 쌍곡면 위에서는 도대체 삼각형의 세 내각의 크기의 합이 얼마나 될까요? 여러분이 한번 이 공간 위에서 삼각형을 그린다고 생각해 보세요. 공간 자체가 안으로 굽은 공간이기 때문에 삼각형을 그리게 되면 앞의 그림과 같이 삼각형 자체도 안으로 굽은 오목한 삼각형이 그려집니다. 구면인 지구 위에 사는 우리가 아무리 직선으로 걷고 있다고 할지라도, 그리고 우리 눈에는 그렇게 보인다 할지라도, 지구 밖 우주에서 보게 되면 결국은 직선이 아닌 곡선으로 가고 있는 것과 같은 원리입니다. 따라서 안쪽으로 굽은 공간에서 우리가 삼각형을 아무리 똑바르게 그린다 할지라도 그 공간 밖에서 보게 되면 안쪽으로 굽은 오목한 삼각형이 그려질 수밖에 없습니다. 결국 평평한 평면에서 삼각형을 그렸을 때와 비교해 보았을 때, 위의 그림과 같이 삼각형의 세 내각의 크기가 모두 작아진다는 것을 알 수 있습니다. 그러므로 삼각형의 세 내각의 크기의 합은 180° 보다 더 작게 됩니다.

  그럼 이 공간에서 그려진 모든 삼각형들은 유클리드 공간에서처럼 세 내각의 크기의 합이 항상 일정할까요? 이 공간에서 넓이가 다른 삼각형 두 개를 그려 봅시다. 삼각형의 크기가 커지면 커질수록 삼각형의 변도 안으로 더 많이 휘어지게 될 것입니다. 그럼 세 내각의 크기의 합이 점점 더 작아지겠지요. 따라서 이 공간에서는 삼각형의 넓이가 크면 클수록 세 내각의 크기의 합은 점점 더 작아진다는 성질도 가지고 있습니다. 바꾸어 말하면 삼각형이 작으면 작을수록 세 내각의 크기의 합은 180° 에 가까워진다는 것이지요. 삼각형의 세 내각의 크기는 넓이와 관계없이 항상 180° 로 일정하다는 유클리드 기하학의 정리와는 완전히 다르다는 것을 알 수 있습니다.

쌍곡 기하학에서는 넓이가 커질수록 내각의 크기는 점점 더 작아집니다.

그럼 두 점을 최단 거리로 잇는 측지선은 어떻게 될까요? 유클리드 공간에서 측지선은 길이가 무한이면서 곧게 나가는 직선이었습니다. 하지만 이 공간에서 측지선은 공간 자체가 안으로 굽었기 때문에 그림과 같이 직선이 아니라 구부러진 곡선이 됩니다. 이 공간에서 측지선은 유클리드 공간에서 측지선인 직선과 비슷한 점도 있는데요, 바로 그 길이가 무한이고, 서로 다른 두 점을 지나는 측지선은 오직 한 개뿐이라는 것입니다.

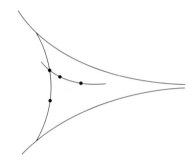

　　이렇게 쌍곡 기하학은 유클리드 기하학과 많은 면에서 다르다는 것을 알 수 있습니다.

로바체프스키가 들려주는 비유클리드 기하학 이야기

1 쌍곡 기하학은 가우스, 로바체프스키, 볼리아이가 만든 비유클리드 기하학으로 곡률이 음수로 일정한 공간위구에서 성립하는 기하학입니다.

2 유클리드 기하학의 평행선 공준에서는 평행선이 하나뿐이었지만, 쌍곡 기하학에서는 평행선이 무수히 많이 존재합니다.

3 유클리드 기하학에서 모든 삼각형의 세 내각의 크기의 합은 180°로 일정합니다. 하지만 쌍곡 기하학에서 삼각형의 세 내각의 크기의 합은 180°보다 항상 더 작고, 삼각형의 크기가 크면 클수록 그 값도 점점 더 작아집니다.

4 쌍곡면 위에서 측지선은 곡선이 됩니다. 이때 측지선은 그 길이가 무한이고, 서로 다른 두 점을 지나는 측지선은 오직 한 개뿐입니다.

구면 기하학은 유클리드 기하학과 어떻게 달라요?

구면 위에서 성립하는 구면 기하학은 유클리드 기하학과 어떤 차이가 있는지 알아봅시다. 그리고 유클리드 기하학과 쌍곡 기하학, 구면 기하학을 각각 비교하여 어떤 차이가 있는지 알아봅시다.

아홉 번째 학습 목표

1. 구면 기하학이 성립하는 곡면에 대해 알 수 있습니다.

2. 구면 위에서 유클리드의 평행선 공준이 어떻게 바뀌는지 알 수 있습니다.

3. 구면 위에서 삼각형의 내각의 크기의 합이 어떻게 되는지 이해할 수 있습니다.

4. 구면 위에서 측지선에 대해 알 수 있습니다.

5. 유클리드 기하학과 쌍곡 기하학 그리고 구면 기하학의 차이를 비교할 수 있습니다.

6. 비유클리드 기하학이 끼친 영향에 대해 알 수 있습니다.

미리 알면 좋아요

1. 유한 어떤 한계가 있거나 끝이 있는 것을 말합니다. 예를 들어 1부터 5까지의 자연수라고 하면, 1, 2, 3, 4, 5와 같이 모두 5개이므로 이것은 유한 입니다.

2. 무한 어떤 한계가 없거나 끝이 없는 것을 말합니다. 예를 들어 자연수라고 하면 1, 2, 3, …, 100, …, 10000000, … 등등 한도 끝도 없이 셀 수 있겠지요? 아마 우리가 죽을 때까지 세어도, 아니 이 지구가 멸망할 때까지, 아니 이 우주가 없어질 때가지 세어도 그것은 끝이 없습니다. 이렇게 한도 끝도 없는 것을 무한이라고 합니다.

오늘은 비유클리드 기하학 중에서 구면 기하학에 대해서 알아
보겠습니다. 유클리드 기하학이 평면 위에서 성립하는 기하학이
라면, 쌍곡 기하학은 쌍곡면 위에서, 구면 기하학은 구면 위에서
성립하는 기하학이라고 할 수 있습니다. 구면 기하학은 리만이
라는 수학자가 만든 비유클리드 기하학입니다. 이 시간에는 구
면 기하학의 특성들을 알아보고 유클리드 기하학, 쌍곡 기하학

과는 어떤 차이가 있는지 살펴봅시다.

먼저 구면 기하학에 대해 말하기 전에 여러분이 기억해야 할 것이 있습니다. 구면에서의 직선은 측지선인 대원으로 생각하기로 합시다. 앞에서 배웠던 것과 같이 구의 중심을 중심으로 하면서 구면 위에 있는 원을 직선으로 생각하는 거지요.

그럼 구면 위에서 평행선 공준에 대해 생각해 볼까요? 지구본을 예로 들겠습니다. 지구본에서 적도에 점을 여러 군데 찍어 봅시다. 그리고 찍은 점 각각에서 위나 아래로 수직방향으로 선을 그려 봅시다. 어떻게 되나요? 평면에서 그릴 때와 어떤 차이가 있나요?

로바체프스키는 지구본을 가지고 와서 선을 그리기 시작했습니다.

평면에서는 한 직선 위에서 수직선들을 그리면 수직선들이 모두 평행하게 됩니다. 하지만 구면 위에서는 모두 한 점에서 만나게 됩니다. 지구본 위에 그린 그림을 보면, 수직선들이 모두 북극이나 남극에서 만나는 것을 볼 수 있습니다.

여기에서 우리는 구면 위에서는 평행선이 존재하지 않는다는 것을 알 수 있습니다.

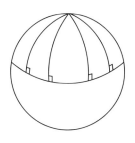

평면에서 수직선들

구면 위에서 수직선들

직선과 직선 밖에 한 점이 주어졌을 때 주어진 점을 지나면서 주어진 직선과 평행한 선은 절대로 그릴 수 없다는 것이지요. 왜냐하면 구면 위에서 직선으로 정의한 대원은 어떤 경우에도 서로 만날 수밖에 없기 때문입니다.

이번에는 구면 위에서 삼각형의 세 내각의 크기의 합은 어떻게 될까요? 앞에서 여러분이 한 활동으로 되돌아가 봅시다. 지구본

로바체프스키가 들려주는 비유클리드 기하학 이야기

의 적도 위에서 수직선을 그린 것을 보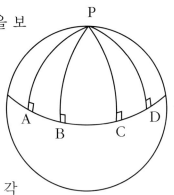
면, 수직선들이 한 점에서 만나면서
여러 개의 삼각형이 만들어진 것
을 볼 수 있을 것입니다. 한 예로
삼각형 PAB를 봅시다. 각 A와 각
B의 크기가 각각 90°로써 이미 두 각

을 합한 것만으로도 180°가 됩니다. 여기에 각 P의 크기를 더하
게 되면, 삼각형 PAB에서 세 내각의 크기의 합은 180°가 넘게
됩니다. 물론 다른 삼각형에서도 마찬가지이고요. 일반적으로
구면 위에서 삼각형을 그리게 되면 변들이 밖으로 구부러져 그
려지기 때문에 평면에서의 삼각형 모양보다 볼록한 모양이 됩니
다. 따라서 삼각형의 세 내각의 크기의 합은 180°보다 더 크게
됩니다. 이렇게 삼각형의 세 내각의 크기의 합이 180°가 넘게 되
는 이유는 쌍곡면 위에서와 같이 유클리드의 평행선 공준이 성
립하지 않기 때문입니다.

　그럼 삼각형의 세 내각의 크기의 합은 넓이와 관계없이 항상
일정할까요? 지구본 위에 그린 수직선들로 만들어진 삼각형들을
다시 한 번 보면 그렇지 않다는 것을 금방 알 수 있을 것입니다.
삼각형 PBC와 삼각형 PAD를 관찰해 보세요. 두 삼각형의 밑각

의 크기의 합은 모두 180°이지만, 꼭지각인 각 BPC보다 각 APD의 크기가 훨씬 큰 것을 알 수 있습니다. 따라서 삼각형의 세 내각의 크기의 합은 넓이가 더 넓은 삼각형 PAD가 더 크다는 것을 쉽게 알 수 있습니다.

이렇게 일반적으로 구면 기하학에서는 삼각형의 넓이가 클수록 세 내각의 크기의 합도 더 커지게 됩니다.

이번에는 구면 위에 삼각형을 그려 볼까요?

구면 위에 그려진 삼각형의 세 내각의 크기의 합은 어떤가요?

180°보다 커요.

이처럼 삼각형의 세 내각의 크기의 합은 180°보다 클 수도 있고 작을 수도 있답니다.

로바체프스키가 들려주는 비유클리드 기하학 이야기

마지막으로 구면 기하학에서 측지선에 대해 알아보도록 합시다. 앞에서 말한대로 구면 위에서 측지선은 대원이 됩니다. 이전 시간에 배웠던 대원에 대해 상기해 봅시다. 먼저 구면 위에서 측지선은 그 길이가 무한이 아닌 유한이고, 게다가 그 길이가 모두 일정하다는 특성이 있습니다. 구면 위에서 측지선인 대원은 끝이 막힌 폐곡선이므로 그 길이는 무한이 아닙니다. 다시 말하면 모든 측지선의 길이는 $2\pi \times$(구의 반지름)으로 구할 수 있습니다. 이처럼 측지선의 길이는 유한이 되고, 그 길이도 모두 같다는 것을 쉽게 알 수 있습니다. 한편 유클리드 기하학에서는 두 점을 지나는 직선이 오직 한 개였지만 구면 기하학에서는 단 한 개로 한정되지 않는다는 것입니다. 즉 두 점을 지나는 직선은 한 개 이상이라는 것이지요. 아래 그림을 보면, 점 B와 점 D를 지나는 대원은 대원 ABCD와 대원 PBMD으로 한 개 이상이라는 것을 알 수 있습니다.

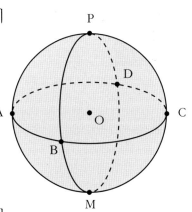

그럼 지금까지 배운 것을 정리해 봅시다. 다음 표는 유클리드 기하학과 쌍곡 기하학, 구면 기하학을 비교한 것입니다.

	유클리드 기하학	쌍곡 기하학	구면 기하학
평행선	단 한 개 존재한다.	수없이 많이 존재한다.	존재하지 않는다.
삼각형의 세 내각의 합	• $180°$ • 삼각형의 넓이에 관계없이 세 내각의 크기의 합은 일정하다.	• $180°$ 보다 작다. • 삼각형의 넓이가 넓어질수록 세 내각의 크기의 합은 작아진다.	• $180°$ 보다 크다. • 삼각형의 넓이가 넓어질수록 세 내각의 크기의 합은 커진다.
측지선	직선 • 길이는 무한대다. • 두 점을 지나는 직선은 단 한 개이다.	곡선 • 길이는 무한대다. • 두 점을 지나는 직선은 단 한 개이다.	대원 • 길이가 유한이고, 일정하다. • 두 점을 지나는 직선은 단 한 개로 한정되지 않는다.

비유클리드 기하학은 유클리드 기하학 중 평행선 공준에서 모순점을 찾아내어 생겨난 기하학이지만, 어느 공간을 선택했냐에 따라 비유클리드 기하학 사이에서도 여러 정리에 있어서 크게 차이가 나는 것을 볼 수 있습니다. 쌍곡면을 선택했는지, 아니면 구면을 선택했는지에 따라서 각각의 내용이 정반대이기도 합니다.

2000여 년 동안 확고한 진리로 굳혀졌던 유클리드 기하학이 무너지면서 수학계뿐만 아니라 철학이나 다른 학문에서도 큰 변화가 일어나기 시작했습니다. 이전까지 우주에는 절대적인 진리가 존재하고, 그 절대적인 진리 중 하나가 바로 유클리드 기하학이 지배하는 수학이라고 보았습니다. 그런 수학에서 모순점이 발견되었으니 사람들은 혼란을 겪기 시작한 것이지요. '과연 절대적인 진리라는 것이 존재하느냐' 는 원초적인 물음까지 의심을 품기 시작했습니다. 유클리드 기하학의 지배가 무너지기 시작하면서 절대적인 진리의 기준도 함께 무너지게 된 것입니다. 즉 '절대적인 지식이란 존재하지 않는다' 는 철학관이 생겨나게 된 것이지요.

우리가 비유클리드 기하학을 발견하게 된 것은 우리가 이전의 수학자보다 뛰어난 능력을 가졌기 때문은 아닙니다. 기존의 것들을 무조건 비판 없이 받아들이기보다는 항상 의문을 품고 관점을 달리하여 한 발짝 뒤에서 다시 한 번 생각하는 태도 때문에 새로운 기하학을 발견하게 된 것입니다. 그리고 사람들의 많은 비판과 조롱 속에서도 우리의 뜻을 굽히지 않고 끝까지 참고 노력하고 연구한 결과이기도 합니다. 여러분들도 사람들이 항상 당연하다고 생각하는 것을 그대로 받아들이기 보다는 다양한 각도에서 생각해보고 비판적으로 받아들이는 습관을 길러 보세요. 어떤 새로운 지식을 받아들일 때 기존 지식과 비교해서 분석해 보고 나에게 어떤 점이 필요하고 또 어떤 점이 수정될 필요가 있는지 항상 생각하는 습관을 길러봅시다. 이런 태도를 기르면 언젠가 여러분들도 이 세상을 획기적으로 변화시킬 새로운 지식을 발견할 수 있을 거예요, 노벨상도 문제없을 거예요!

아홉번째 수업 정리

① 구면 기하학은 구면 위에서 성립하는 기하학으로 리만이 만든 비유클리드 기하학입니다.

② 구면 기하학, 유클리드 기하학, 쌍곡 기하학의 특성들을 비교하면 다음과 같습니다.

	유클리드 기하학	쌍곡 기하학	구면 기하학
평행선	단 한 개 존재한다.	수없이 많이 존재한다.	존재하지 않는다.
삼각형의 세 내각의 합	• 180° • 삼각형의 넓이에 관계없이 세 내각의 크기의 합은 일정하다.	• 180° 보다 작다. • 삼각형의 넓이가 넓어질수록 세 내각의 크기의 합은 작아진다.	• 180° 보다 크다. • 삼각형의 넓이가 넓어질수록 세 내각의 크기의 합은 커진다.
측지선	직선 • 길이는 무한대다. • 두 점을 지나는 직선은 단 한 개이다.	곡선 • 길이는 무한대다. • 두 점을 지나는 직선은 단 한 개이다.	대원 • 길이가 유한이고, 일정하다. • 두 점을 지나는 직선은 단 한 개로 한정되지 않는다.

❸ 쌍곡 기하학과 구면 기하학을 비롯한 비유클리드 기하학은 2000여 년간 절대적인 진리로 군림해 온 유클리드 기하학의 불완전성을 지적하고 그것을 수정해 나감으로써 유클리드 기하학과 함께 새로운 기하학의 세계를 열었습니다. 이런 비유클리드 기하학은 절대적인 진리란 없으며 진리라는 것은 상대적이고 경험적이라는 철학관을 낳게 되었고, 이런 철학관은 수학에서뿐만 아니라 철학, 과학, 논리학 등 학문 전체에 큰 변화를 일으켰습니다.